全国生猪遗传改良计划
工作手册

全国畜牧总站　组编

中国农业大学出版社
·北京·

内 容 简 介

本书主要围绕我国生猪遗传改良计划，简明扼要地讲述了猪遗传改良所涉及的基本理论知识和实践操作，包括育种方案制订与优化、核心群组建、选种与选配、种猪登记、性能测定、数据管理、遗传评估和联合育种等。同时本书介绍了我国生猪遗传改良计划及实施方案，国家生猪核心育种场管理办法和国家生猪核心育种场遴选程序，以及国家生猪核心育种场联系专家名单。

本书内容着眼于猪育种实践，同时在理论上又通俗易懂，具有科学性、实用性和可操作性，可供猪育种工作者、养猪生产者以及大专院校、科研单位的科技工作者学习参考。

图书在版编目(CIP)数据

全国生猪遗传改良计划工作手册 / 全国畜牧总站组编—北京：中国农业大学出版社，2013.11

ISBN 978-7-5655-0838-7

Ⅰ.①全…　Ⅱ.①全…　Ⅲ.①猪—遗传改良—手册　Ⅳ.①S828.2-62

中国版本图书馆 CIP 数据核字(2013)第 261481 号

书　　名　全国生猪遗传改良计划工作手册

作　　者　全国畜牧总站　组编

策划编辑　李卫峰　　**责任编辑**　田树君

封面设计　郑　川　　**责任校对**　王晓凤　陈　莹

出版发行　中国农业大学出版社

社　　址　北京市海淀区圆明园西路 2 号　　**邮政编码**　100193

电　　话　发行部 010-62818525，8625　　读者服务部 010-62732336

编辑部 010-62732617，2618　　出　版　部 010-62733440

网　　址　http://www.cau.edu.cn/caup　　**e-mail**：cbsszs @ cau.edu.cn

经　　销　新华书店

印　　刷　北京鑫丰华彩印有限公司

版　　次　2013 年 11 月第 1 版　　2013 年 11 月第 1 次印刷

规　　格　787×1092　　16 开本　　10 印张　　248 千字

定　　价　58.00 元

编 写 人 员

主　编　王宗礼　郑友民

副主编　左玲玲　王志刚　陈瑶生　张　勤　王爱国

编　委　王立贤　潘玉春　李学伟　王楚端　李加琪　王金勇　徐宁迎　黄路生　杨公社　王希彪　武　英　陈　斌　雷明刚　刘小红　黄瑞华　吕学斌　梅书棋　殷宗俊　曾勇庆　丁向东　张金松　王　健　邓兴照　关　龙　贺　杰　邱小田　史建民　聂永燕

序

改革开放三十多年来，我国生猪产业在品种选育、养殖工艺流程、设施设备、养殖技术、疫病综合控制等方面发生了革命性的变化，实现了快速发展，为解决我国动物肉食品供应做出了历史性的贡献。

然而，在自主育种体系建设，特别是基础性育种工作方面进展缓慢，基础设施和管理落后，致使品种登记、种猪生产性能测定、遗传评估、选种选配、遗传交流等育种基础工作无法有效开展，严重影响了种猪选育。

2010 年 3 月，农业部颁布了《全国生猪遗传改良计划(2009—2020)》实施方案。在该实施方案的指导下，开展国家生猪核心育种场的遴选与种猪育种群的组建，启动了具有划时代意义的全国生猪联合育种工作。

《全国生猪遗传改良计划工作手册》系统讲解了生猪育种的流程、关键环节技术要点以及生猪遗传改良计划政策等内容，是一本体现中国猪育种技术水平和时代特色的著作，是企业、专家和畜牧管理部门精诚合作的结晶。希望社会各界继续关心和支持全国生猪遗传改良计划工作，推动我国生猪产业持续、健康发展。该书可供各地畜牧主管部门、畜牧技术推广机构、猪育种专家和企业借鉴和参考。

编　者

2013.6

目　　录

CHINA SWINE GENETIC IMPROVEMENT PROGRAM
CSGIP
全国生猪遗传改良计划

Ⅰ　全国生猪遗传改良计划育种手册

第一章　育种方案制订与优化

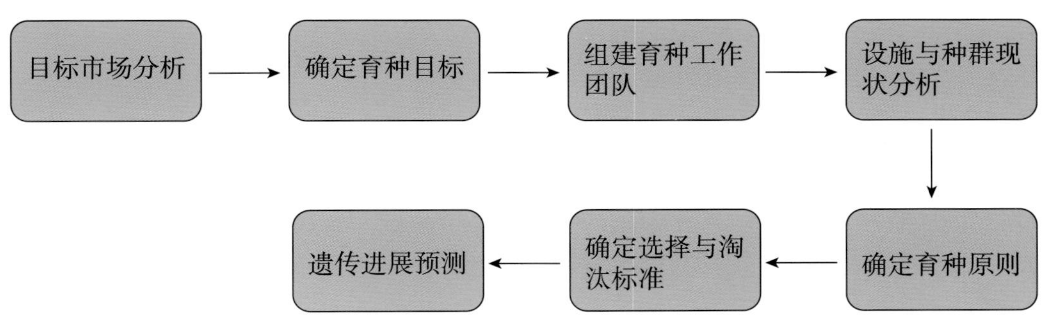

育种方案是整个育种工作的纲领性文件，指导着整个猪的育种工作，一般概括为以下主要工作：①调查育种与生产的基本情况；②确定育种目标；③建立繁育体系；④估计遗传参数以及计算经济加权系数；⑤种猪生产性能测定；⑥估计育种值；⑦制定选种与选配方案；⑧预测遗传进展；⑨制定候选育种方案。

以下将根据猪遗传改良的实践，目标市场分析、确定育种目标、育种组织、设施与种群规模、确定育种原则、确定选择与淘汰标准、遗传进展预测等进行论述。

一、目标市场分析

20 世纪以来，猪的目标性状主要是生长速度、饲料转化率和胴体瘦肉率。30 年前由于超声波扫描仪能准确方便地进行活体测膘，加速了胴体瘦肉率的遗传进展。背膘厚、眼肌面积和胴体瘦肉率的年遗传进展分别为：－0.1～－0.5 mm、0.2～0.5 cm^2 和 0.3%～0.6%（Sellier 和 Rothschild，1991）。肌内脂肪含量（IMF）是猪肉肉质代表性的指标，一般认为 2%～3%是鲜肉的理想水平。英国 20 年来背膘厚下降了 33%，胴体中脂肪比率降低了 35%，但 IMF 也下降了 27%；丹麦 1978—1992 年 4 个品种（长白猪、约克夏猪、杜洛克猪和汉普夏猪）的 IMF 下降了 1 倍，如长白猪和约克夏猪仅为 1%左右，杜洛克猪也由 4.15%下降到 2.05%。如果肉质指标不纳入育种目标，肉质变劣将发展到使消费者难以接受的程度。此外，Hal^n 和 RN^+ 基因的清除也应纳入育种目标，因为它们对肉质变劣的影响是严重的。

通过个体选择，猪的生产性能已达到了相当高的水平，提高母猪生产力受到高度重视，所以都将繁殖力列入主要的目标性状。

21 世纪猪的育种目标必须根据未来的市场及消费的不同需求不断调整，除

继续降低生产单位产品的成本外，将加大产品质量和一致性的选择差。在保持合适的胴体瘦肉率的前提下，继续提高瘦肉组织的生长速度和饲料利用率，加强繁殖性状、肉质、使用年限、抗病性的选择。

随着企业规模的扩大，以及导致疾病的许多因子的更加复杂化，许多企业已丧失了30%的现有遗传潜力。因此，需要增加产品的可靠性和管理能力。进一步的目标为：①致力于生产性能的遗传潜力；②加大这些遗传潜力在生产中实现的概率。毫无疑问，畜禽遗传改良面临的最大挑战是：①疾病的抗性，包括改善动物福利、改良性能、降低医药费用和减少残留的风险；②提高质量和一致性的标准；③对于一个育种方案，在不损失遗传变量（或杂合度）的前提下，加快改良速度，同时使核心群和繁殖群的成本最小化；④建立畜牧业的可持续发展系统，包括人类的健康、动物的环境等（Webb，1998）。

显然，用常规方法改良那些不能直接度量或度量困难的性状是十分困难的，而这些性状对于动物生产的获利性有重要意义。因此，必须采用育种新技术，进行猪的遗传改良。数量方法或数量与标记辅助选择（MAS）结合将会继续实现生猪有竞争力的改良速度；动物分子育种技术将会导致生猪遗传改良的重大突破，并在众多相关领域引发新的科技革命。

二、确定育种目标

育种目标（breeding goal），狭义地说，就是育种群的种猪通过育种工作要达到“理想”水平，实现养猪生产与加工的最大经济效益。可见育种目标是由市场和消费需求而决定的，它强调了三点：①育种的最终目标在生产群实现；②目标的制定以未来可预见的生产条件和市场需求为基础；③目标的着眼点是经济效益的最大值。因此，猪的主要经济性状都应包括在育种目标中。同时育种目标应该立足于长远的考虑，并且在育种方案的实施过程中，要随着生产条件和市场需求的变化，不断修订育种目标。

（一）育种目标性状的确定

猪的很多性状都有经济意义，因此，为使育种群的种猪达到“理想”水平，即在未来条件下经济效益实现最大化，理论上育种目标应将所有影响猪的经济效益的性状都考虑在内，个体的综合育种值应包括所有性状。但从育种学上考虑，目标性状越多，每个性状单位时间内的遗传进展越小。因此，需要遵循一些基本原则来确定目标性状，以使育种工作切实可行、效果最佳。

1.性状应有很大的经济意义

育种最根本的目的在于提高经济效益。因此，应将性状按其经济意义排序，

凡是目标性状必须具有足够大的经济意义。一般来说，繁殖、生长、胴体、肉质及适应性等都符合这条原则，因此也被直接称为经济性状（economic traits）。需要指出的是，按照现代育种学的观点，对于体型外貌性状需要科学对待：一是身体结构与结实度、肢蹄、乳腺、外生殖器等的经济意义虽非通过产品直接表现出来，但对其他性状（如使用寿命等）有着重大影响。因此也需纳入育种目标当中。二是体型外貌应体现品种（系）的特征尤其是品种（系）在繁育体系中的角色要求，即父系要有父相，母系要有母相。三是不应过分强调具有体征意义但不具备多大经济价值的外貌性状，诸如毛色、毛片形状、耳型等，这将有助于对有经济意义性状的选择。

2. 性状应有足够大的遗传变异

实现育种目标需要不间断的选择，选择则依赖于遗传变异，即建立在微效多基因平均效应上的加性遗传方差或标准差。没有遗传变异，种猪就无所谓优劣，而且足够大的遗传变异乃是获得令人满意的遗传进展的根本前提。有些性状，例如，猪的繁殖性状，虽然遗传力较低，但就其绝对数值而言，若具有一定可利用的遗传变异时，通过特殊的育种方法，选择仍然是有效的。鉴于此，类似繁殖力这样的性状，应列为育种目标性状。在育种学的术语中，将这类性状归类为“次级性状”（secondary traits）。

3. 性状间有较高遗传相关时二者取其一

根据“在综合育种值中仅包括一定数量的目标性状”的原则，当两个生产性状间存在着密切的遗传相关关系时，仅将其中之一包括在综合育种值中即可。例如，猪的背膘厚与瘦肉率之间存在着很高的遗传相关，我们通常只把背膘厚列为目标性状。

4. 性状测定相对应简单易行

在保证育种成效的前提下，应挑选测定比较简单的性状作为育种目标性状。例如，背膘厚与瘦肉率都是反映猪的胴体组成的性状，达 100 kg 体重日龄与料重比都是反映猪生长性能的指标，但是显然背膘厚与达 100 kg 体重日龄分别较之瘦肉率与料重比更易测定。

根据上述原则，结合当前各方面的条件，我们建议全国生猪遗传改良计划近期在对母系群体进行选择时可将总产仔数、达 100 kg 体重日龄和活体背膘厚这三个性状作为主要目标性状，在对父系群体进行选择时可以达 100 kg 体重日龄和活体背膘厚两个性状作为主要目标性状。

需要指出的是，无论国家、地区还是企业，目标性状的确定都可因地制宜、因时制宜。上面我们所建议的与加拿大猪改良中心（CCSI）2000 年前所采用的是一样的。但加拿大自 2000 年开始将瘦肉量（lean yield）、眼肌面积（loin eye area）、肌肉深度（muscle depth）和饲料转化率（feed conversion ratio）作为目标性状。

美国STAGES项目始于1985年，其育种目标性状历经多阶段的变化：达目标体重(250 lb)日龄和背膘厚→加入产仔数、断奶仔猪数、窝重等繁殖性状→加入饲料转化率和胴体性状→加入肉质性状→加入胎间距、初生窝重及其他旨在提高单位母猪年提供猪头数的性状。

(二)个体的综合育种值

对于实现“理想”亦即育种目标而言，育种过程当中，育种群的不同个体价值是不同的。度量这个价值，我们可以采用个体的育种值(breeding value)作为指标。个体的育种值即基因的加性效应值，是在上下代的传递过程中可以传递给后代的部分。这意味着代代选择育种值好的(优秀的)个体繁殖下一代可以提高下一代的水平直至实现育种目标。

对于单个性状而言，个体的育种值即个体与该性状有关的基因的加性效应值之和。然而，如上所述，育种目标可能涉及多个性状，这时个体的育种值不能仅将个体各性状的育种值简单累加，因为不同性状的物理单位不一样，每个性状改变一个单位所带来的经济效益也不一样。所以，综合育种值(aggregate breeding value)的概念应运而生。所谓综合育种值，即将各性状的育种值用其经济(育种)重要性(economic weight)加权组合，形成的一个综合值。假设目标性状共有 n 个，每一个性状的育种值为 a_1、a_2、…、a_n，相应的经济(育种)重要性即经济加权值为 w_1、w_2、…、w_n，则综合育种值(A_T)为：

$$A_T = w_1 a_1 + w_2 a_2 + \cdots + w_n a_n = \sum_{i=1}^{n} w_i a_i$$

式中，经济加权值 w_i 为 i 性状每改变一个物理单位所带来的经济效益，$w_i a_i$ 为 i 性状以经济效益来衡量的价值，而综合育种值则是各性状经济价值的总和。综合育种值也可以看作是一个复合性状的育种值。

需要再次强调的是，综合育种值尽管以经济价值即价钱(如元)为单位，但并不表示一头猪作为商品肉猪的卖价，而是表示作为种猪对于实现育种目标的价值。所以，如果一个个体的综合育种值为 A_T，意味着该个体作为种用与随机地另一性别的个体交配，将使其后代增值 $A_T/2$(每个亲本只决定后代遗传价值的一半)。

(三)经济加权值的确定

根据个体综合育种值的公式，我们可以发现性状的经济加权值至关重要。它关系到个体在选择中的优势序列，进而影响选择效果。一般来说，经济加权值取决于育种工作所处的特定的育种-生产-经济系统。估计性状的经济加权值，需要对特定的育种-生产-经济系统进行分析，方法有生产函数(production

function)法、边际效益(marginal profit)法等。这些方法通常过程复杂,故不详述,我们仅以加拿大猪改良中心(CCSI)最初采用的总产仔数、达 100 kg 体重日龄和背膘厚三个性状经济加权值的推演做一扼要说明(Sullivan and Chesnais, 1994:ECONOMIC ASPECTS OF SWINE GENETIC IMPROVEMENT AND THE FUTURE OF SWINE SELECTION IN CANADA)。

1. 总产仔数

提高总产仔数可以提高经济效益,因为可出售的断奶仔猪数将会因而提高。平均而言,仔猪哺乳期的成活率约为 80%。换句话说,即产仔数每增加 1 头就有望多得 0.8 头断奶仔猪。1992 年时,加拿大断奶仔猪的平均价格为 58.25 加元,而饲养至断奶的平均成本为 27.33 加元,纯收益为 58.25－27.33＝30.92 加元。因此,产仔数增加 1 头将带来 30.92×0.8＝24.74 加元。假定每窝断奶仔猪数平均为 8 头,换算成屠宰肉猪,则意味着每头增值 3.09 加元。因该性状是由母猪体现的,所以若以生产群作为育种成效的评估基础计算个体的综合育种值,总产仔数的经济加权值即为 3.09×2＝6.18。

2. 达 100 kg 体重日龄

生长速度加快将缩短猪养至上市的时间,进而通过两条途径提高商品猪生产者的效益:其一,猪长得越快,达上市体重所需要消耗的饲料就越少。根据测定站的资料,达到 100 kg 体重的日龄每减少 1 d,就可节省 0.9 kg 饲料,价值 0.15美元。其二,猪长得快,也将降低企业的其他费用。企业其他一般性的费用(包括劳力),根据估计大致是每头 33 美元。假设商品猪由 25 kg 养到100 kg活重需 110 d,则每天约需 0.3 美元。两项相加,意味着达 100 kg 体重日龄每减少 1 d 将使商品猪增加 0.45 美元的收益。

3. 100 kg 体重背膘厚

降低背膘厚也可以通过两条途径为商品猪饲养者带来经济效益:其一,脂肪生成较之瘦肉生成需要更多饲料能量。测定站的资料显示,背膘厚每降低 1 mm 对于 25～100 kg 体重阶段的生长猪而言可降低饲料消耗 1.06 kg。加拿大 1992 年的平均饲料价格约为 0.17 美元/kg,于是每头 100 kg 的肉猪因节省 1.06 kg 饲料而多赚 1.06×0.17＝0.18 美元。其二,肉猪低脂肪意味着高瘦肉率,进而意味着对加工者的高经济价值。所以,商品猪的生产者可以得到高收购价格。活猪每降低 1 mm 背膘瘦肉量可提高 0.905%。根据加拿大 1992 年的肉猪定价体系和价格,这表示每头 100 kg 体重的肉猪可获得 1.65 美元的额外收益。两项相加,意味着背膘厚每降低 1 mm 可为商品猪带来 0.18＋1.65＝1.83 美元的额外收益。

(四)建议的综合选择指数

我们已经知道,依据综合育种值进行综合选择对于实现育种目标效率最高,而综合育种值 A_T 是一个以钱为单位的量,在育种群中均数为 0、标准差为 σ_A,选择就是根据个体综合育种值进行排序,选出最优秀的。

实践当中,我们更多采用下列标准化的指数进行选择:

$$I^* = 100 + 25 \times \frac{I}{\sigma_I}$$

式中,I 为根据经济加权值计算得到的指数,σ_I 为 I 的群体标准差。这个标准化的指数的平均数为 100、标准差为 25。这意味着指数超过 100 的个体约有 50%,超过 125 的个体只有约 16%,超过 150 的个体只有约 2.5%。可见运用这种标准化的指数较之直接运用综合育种值更加直观。

加拿大猪改良中心(CCSI)1995 年起对父系(即在杂交生产体系中作父本的种猪群)以达 100 kg 体重日龄和背膘厚两个性状作育种目标性状,对母系(即在杂交生产体系中作母本的种猪群)以总产仔数(TBN)、达 100 kg 体重日龄(AGE)和背膘厚(FAT)三个性状作育种目标性状。其时,总产仔数、达 100 kg 体重日龄和背膘厚三个性状估计育种值的标准差分别约为 0.5 头、5 d 和 1 mm,但是不同品种略有不同。具体而言,父系指数(SLI)和母系指数(DLI)公式如下:

$$\mathrm{SLI} = 100 + b_{\mathrm{AGE}} \cdot \mathrm{EBV}_{\mathrm{AGE}} + b_{\mathrm{FAT}} \cdot \mathrm{EBV}_{\mathrm{FAT}} \quad (1-1)$$

$$\mathrm{DLI} = 100 + b_{\mathrm{TBN}} \cdot \mathrm{EBV}_{\mathrm{TBN}} + b_{\mathrm{AGE}} \cdot \mathrm{EBV}_{\mathrm{AGE}} + b_{\mathrm{FAT}} \cdot \mathrm{EBV}_{\mathrm{FAT}} \quad (1-2)$$

式中,b_{AGE}、b_{FAT} 和 b_{TBN} 分别为达 100 kg 体重日龄、背膘厚和总产仔数的经济加权值经由标准化变换后的值,即 $b_i = 25 \times w_i / \sigma_I$,可仍然称为经济加权值,也可称为育种重要性;$\mathrm{EBV}_{\mathrm{AGE}}$、$\mathrm{EBV}_{\mathrm{FAT}}$ 和 $\mathrm{EBV}_{\mathrm{TBN}}$ 则分别表示三个性状的估计育种值(EBV)。对于杜洛克猪、长白猪、大白猪而言,指数中的经济加权值如表 1-1 所示。

表 1-1 选择指数中各性状的经济加权值(CCSI,1995)

项目	性状	杜洛克猪	长白猪	大白猪
父系指数	达 100 kg 体重日龄	−4.00	−3.80	−4.18
	100 kg 体重背膘厚	−16.3	−15.5	−17.0
母系指数	总产仔数	33.8	27.8	28.9
	达 100 kg 体重日龄	−2.46	−2.02	−2.10
	100 kg 体重背膘厚	−10.01	−8.23	−8.55

通常，育种值的估计是建立在特定群体（参照群体）基础上的，即以离均差表示的个体的估计育种值 EBV 是其与特定群体的均值的差。CCSI 的做法是选取由估计时前推两年半间的个体组成参照群体。所以，随着时间的推移，参照群体将发生变化，指数的标准差也将发生变化。另一方面，各性状的经济重要性也非一成不变的。所以，1998 年，CCSI 调整了指数中各性状的经济加权值（表 1-2）。

表 1-2　选择指数中各性状的经济加权值(CCSI,1998)

项目	性状	杜洛克猪	长白猪	大白猪
父系指数	达 100 kg 体重日龄	−4.21	−3.62	−3.79
	达 100 kg 体重背膘厚	−17.1	−14.7	−15.4
母系指数	总产仔数	43.4	34.33	34.88
	达 100 kg 体重日龄	−3.16	−2.5	−2.54
	达 100 kg 体重背膘厚	−12.85	−10.17	−10.33

2000 年，CCSI 进一步调整了其目标性状：对父系以达 100 kg 体重日龄、瘦肉量（LY）、眼肌面积（LEA）和饲料转化率（FCR）4 个性状作育种目标性状，对母系再加上总产仔数。指数公式如下：

$$SLI=100+b_{DATE100}\cdot EBV_{DATE100}+b_{LY}\cdot EBV_{LY}+b_{LEA}\cdot EBV_{LEA}+b_{FCR}\cdot EBV_{FCR}$$

$$SLI=100+b_{TBN}\cdot EBV_{TBN}+b_{DATE100}\cdot EBV_{DATE100}+b_{LY}\cdot EBV_{LY}+b_{LEA}\cdot EBV_{LEA}+b_{FCR}\cdot EBV_{FCR}$$

对于杜洛克猪、长白猪、大白猪而言，指数中的经济加权值如表 1-3 所示。可以发现，CCSI 现行方案中的目标性状更难测定，经济加权值也更难估计。

表 1-3　选择指数中各性状的经济加权值(CCSI,2000)

项目	性状	杜洛克猪	长白猪	大白猪
父系指数	达 100 kg 体重日龄	−2.19	−2.81	−2.81
	瘦肉量	22.6	12.1	12.1
	眼肌面积	0.65	0.83	0.83
	饲料转化率	−152	−195	−195
母系指数	总产仔数	38.2	33.6	33.6
	达 100 kg 体重日龄	−2.09	−1.84	−1.84
	瘦肉量	8.96	7.89	7.89
	眼肌面积	0.62	0.54	0.54
	饲料转化率	−145	−128	−128

鉴于我国猪育种工作的现况，我们建议现阶段的育种目标主要包括总产仔数、达 100 kg 体重日龄和背膘厚三个性状，父系、母系指数计算分别采用式（1 - 1）

和式(1-2),而经济加权值则借用 CCSI 1998 年起用的值,即表 1-2 的值。

三、育种组织

在育种方案制定中起主导作用的是两部分人员,一部分人员是育种工作团队,他们是与育种方案实施有直接利益关系的。另一部分人员是为育种提供科学方法的专家。

育种场有专门的育种技术部门和技术人员,技术人员须经过专门的种猪性能测定技术培训,并取得相应资格。

四、设施与种群规模

(一)育种设施设备

有完善的育种设施设备,包括测膘仪、电子秤、电脑及遗传评估软件等。

测定数量。国家生猪核心育种群应保证其纯繁后代在测定结束(体重为85～115 kg)时必须保证每窝至少有 1 公和 2 母用于生长性能测定,用于育种群更新的个体必须每头均有测定成绩(包括引进种猪也应完成性能测定),并鼓励进行全群测定。

测定猪舍。根据我国现阶段养猪环境和设施化水平,理想测定环境是采用自动通风换气、温湿度控制、硬地面设计猪舍,测定舍应与生长育肥舍区分,通过猪流动、测定设备固定的方式进行。

测定设备。秤重设备要求精度在 100 g 以上的电子秤,使用 B 型超声波仪进行膘厚和眼肌面积的测定,B 超探头应为 12 cm 以上的线阵探头,保证横向扫描时眼肌一次成像。采食量的测定应采用电子记录饲喂设备进行。

管理条件。受测猪的营养水平、卫生条件、饲料种类及日常管理应相对稳定,应由专人进行饲养管理。

测定猪只。受测猪必须来源于本场育种群的后裔,编号清楚,符合本品种特征,健康、生长发育正常、无外形损征和遗传缺陷。

(二)种群规模

育种核心群的规模理论上越大越好,但是其受到猪场规模、测定能力、种猪销售、经济等方面的制约,核心群也会受到限制,但扩繁群则可以相对大一些。一般地,可以在纯种群基础上建立育种核心群,将纯种母猪划分为育种群、繁殖群。根据我国目前的情况,育种核心群的最低要求应为:长白猪、大白猪的母猪数量不低

于 300 头，杜洛克猪、皮特兰猪不低于 150 头，数量再低很难取得明显的育种进展。

选择繁殖性能，需要的群体规模更大一些，在短期内，一般核心群的规模相对稳定，但可以对父系、母系的相对规模进行优化，有研究表明，认为父系的规模可以比母系小 50%，如果母系母猪数从 200 头增加到 400 头时，遗传进展提高 11%。如果育种场需要带动规模比较大的商品场，可以加大育种群的规模，中间不设扩繁群，缩短核心群到商品群之间的遗传差距。

（三）测定规模与选留比例

准确的性能测定是一切育种工作的基础，必须有一定的性能测定量，才能保证一定的选择强度，选择强度取决于留种率，留种率越小，选择强度越大；当 100%全部留种时，相当于没有选择，选择强度自然为零。可以理解，在选留个体数一定情况下，测定个体越多，留种率越低，选择的强度也越大。我国目前的育种方案规定平均每窝测定 1 公 2 母，这是最低要求，测定数量再低于这个水平，很难保证一个合理的选择强度，有条件的应尽量实施全群测定或增加测定数量。

性能测定数量除影响选择强度外，还影响遗传评估的准确性，因为测定数量增加以后，信息来源增加，被评估个体的半同胞、全同胞记录增加，可以使遗传评估更为准确，遗传评估准确性的提高是最近 20 年猪育种进展加快的主要原因之一。表 1-4 列出了不同信息来源的相对准确性，对于遗传力低的性状，增加可利用信息作用更大。

表 1-4　用于选择的各种信息的相对准确度

性状遗传力	个体信息	父母信息	父母和祖父母信息	全同胞		半同胞		后裔	
				2	8	5	40	10	120
0.1(产仔数)	0.32	0.22	0.27	0.22	0.38	0.17	0.36	0.45	0.87
0.3(日增重)	0.55	0.39	0.43	0.36	0.54	0.27	0.44	0.70	0.95
0.5(背膘厚)	0.71	0.50	0.53	0.45	0.60	0.32	0.46	0.77	0.97

对于测定容量有限的企业，也可以先根据系谱指数淘汰一部分个体。De Vries 等(1990 年)在对父系猪的选择上模拟结果表明，在性能测定之前按谱系指数淘汰 50%公猪，选择反应仅损失 3%～4%。

（四）群体结构与使用年限

遗传进展是可以累积的，世代间隔短才能实现更快的积累。目前，我们国家许多种猪场的育种群也实行每年 33%的淘汰，母猪胎次分布均匀。这种育种体系平均世代间隔接近 2 年，年遗传进展缓慢。对于育种核心群，合理的母猪群体结构是 1 胎母猪占 60%左右，2 胎母猪占 30%左右，3～4 胎母猪占 10%左右。

因为只使用后备公猪的情况下：第 1 胎留种世代间隔：1.08 年；第 2 胎：1.29 年；第 3 胎：1.5 年；…… 第 6 胎：2.12 年。

育种核心群的世代间隔平均应在 1.5 年以下。

一般情况下，种猪场种公猪利用年限不应超过 1 年。由于公猪的选择强度高，会不断出现新的优秀公猪，淘汰的公猪进入扩繁场、生产场（这 2 个层次场的公猪应全部来源于育种核心群）。一般使用 1 月份测定结束的公猪，给 3 月份测定结束的母猪配种。但公猪的淘汰、选择还需要考虑血缘问题。无论如何，要尽量缩短公猪的利用时间。

单个猪场独立育种是很难取得明显进展，除非规模非常大。种质的引进与交流是取得进展的关键。这就涉及了闭锁与开放选育的问题。

（五）闭锁与开放

20 世纪 90 年代以前，国内种猪的育种都是采用闭锁群继代选育。闭锁群继代选育操作起来比较简单，适合中小规模种猪场，但由于种猪场规模较小，达不到原有的选择强度，降低了每个世代的选择进展，而且长期闭锁容易造成近交退化，其结果是闭锁群选育早期有较大的进展，而以后却越来越缓慢。

近些年来，人们的育种理念发生了一些变化，逐渐从重视纯种选育、血统转变为重视生产性能、杂交，国内猪的育种也开始放弃闭锁群育种法而转而以开放闭锁相结合的选育方法为主。开放核心群育种方案优势就在于扩大了核心群选择的范围，在一定程度上加快了遗传进展，同时还增加了核心群的有效群体含量。

但是，在实际操作过程，国内种猪场往往会偏重开放，即通过不断引种杂交来取得遗传进展。这样的结果是大量优良基因并非纯合，不能稳定遗传，几年之后不得不重新引种。整个繁育体系受制于其他养猪先进国家，在引种过程中不仅耗费大量的人力、财力，还会导致一些疾病的引入。而且，由于只专注于生产性能的提高，有些种猪可能会出现部分与其品种特征相背的问题。

开放核心群与闭锁核心群选育的效益，取决于遗传进展的大小、对近交增量的影响以及性能测定等项的成本，不能仅仅为了获得暂时的遗传进展就盲目开放。当种猪群的遗传素质不高时，就应该以开放为主。但是，当猪群已经具有了很优秀的基因时，就应以闭锁为主。通过闭锁来扩大优良基因在群体中的频率并加速其纯合，这一方面可以利用基因的加性效应来提高生产性能（性状的群体均值）；同时又利用基因的显性效应，以便在商品猪的生产中更进一步提高杂种优势，适当地近交才能加速优良性状的固定。

(六)近交的控制

在制定选配计划时，大部分育种公司对于近交的控制过于简单，都是只禁止母猪与某头公猪或者其全同胞或者半同胞公猪交配，避免血缘相近的个体之间的交配，机械地把年近交率控制在 0.3％～0.6％。这种方法是以假定基因尤其是有害基因在血缘较远的个体间是分离的为前提的，现实情况却复杂得多。合理近交涉及遗传背景、群体结构、遗传变异等诸多方面的问题。

在对于近交的研究中，人们发现，近交衰退主要发生于一些与适应性相关的性状上(Falconer 等，1996)，由于近交可能会影响产仔数，仔猪哺乳期死亡率等(Bradford 等，1958，Köck 等，2009)，近交的不良影响在被逐渐放大，近交优势在逐渐被忽视。

事实上，某些性状可能并不会出现近交衰退现象，例如，Culbertson 等(1998)对 104.5 kg 重的纯系大白猪的研究中没有发现对于膘厚的近交衰退，Z Vigh等(2008)研究发现，在近交系数为 10％时，近交并不会显著影响眼肌深度和背膘厚度。朱南生等(1999)在新太湖猪选育过程中发现：母猪近交系数在 20％以下，120 日龄和 180 日龄活重等性状与非近交组相比，差异均不显著。

近交可以揭露和消除有害基因，增大基因频率，促进基因的纯合，使优良性状的遗传更稳定，提高畜群的同质性，保持优良个体的血统。对于育种核心群来说，适度近交是可行的，也是必要的。

(七)公猪的利用

对于公猪的利用，除了考虑利用年限外，还需要考虑每头公猪的配种窝数，这主要是为了保证群体的血统数量、维持群体的遗传变异、降低近交，有的公司实行每头公猪最多配 30 窝的限制策略。

限制最优公猪的配种窝数是必要的，这可以防止家系数量过分减少和遗传方差的下降，进而影响选择效率，保证长期的选择进展。但在实际执行过程中，要根据具体情况灵活掌握，如果注重的是短期的遗传进展，或者准备近期引入新的血缘，则可以适当放宽限制，让优秀的公猪多配一些；如果群体暂时不开放，不准备引入新的血缘，则应严格限制。

育种方案的优化需要根据种猪场的具体情况做出选择，这里给出了各个方面的影响因素大小，根据这些因素我们可以设计一个相对优化的育种方案。

选择强度、遗传变异、选择准确性和世代间隔几条是相互联系的，不能只考虑一个方面，在影响遗传进展的四因素之间做出最优选择。如为了增加选择差，在第一胎母猪的后代中，可供选择的个体数量不够时，就需要从第二、三胎母猪中选择，这就增加了世代间隔；但不从第二、三胎母猪中选择，虽缩短了世代间

隔，却降低了选择强度。这就需要全面考虑，找出一个最佳的方案。

五、确定育种原则

选择遗传力高或较高性状，可获得较大的遗传进展。因此，以生长速度、瘦肉率和产仔数等为主要目标性状，同时考虑饲料转化率、21日龄窝重、乳头数等重要性状，根据市场需要兼顾体型外貌、肢蹄结实度及适应性。必须有长期一致的选择目标及选择方法，并且根据生产性能、市场的变化，选育目标及时做出调整。

淘汰同批次母猪指数最低的20%断奶母猪，即母猪年更新率50%；公猪使用1年左右，年更新率100%。

建议公猪留种率1%～3%、母猪10%～15%。如果选择比例为母猪12.5%、公猪2.5%，其选择强度为母猪1.60、公猪2.161；如果选择比例为母猪25%、公猪5%，其相应的选择强度为1.26和1.957。

六、确定选择与淘汰标准

大白猪和长白猪采用母系指数选择，杜洛克猪采用父系指数选择。父系指数是将其日龄和背膘厚度估计育种值综合在一起选种。母系指数是将其总产仔数(TNB)、日龄(AGE)和背膘厚度(FAT)等性状的估计育种值综合在一起选种。指数中的经济加权系数以性状的经济加权和估计育种值的标准差为基础，指数的均数为100，标准差是25。各猪种的父系和母系综合选择指数见表1-5。

表1-5　不同猪种的综合选择指数公式

品种	父系指数	母系指数
大白猪	$100-14.2EBV_{FAT}-3.49EBV_{AGE}$	$100+34.9EBV_{TNB}-10.3EBV_{FAT}-2.54EBV_{AGE}$
长白猪	$100-13.3EBV_{FAT}-3.28EBV_{AGE}$	$100+34.3EBV_{TNB}-10.2EBV_{FAT}-2.50EBV_{AGE}$
杜洛克猪	$100-15.2EBV_{FAT}-3.75EBV_{AGE}$	$100+43.3EBV_{TNB}-12.8EBV_{FAT}-3.16EBV_{AGE}$

根据指数大小对所有测定个体和目前仍在育种群的个体进行排队，根据指数大小和体型决定选留哪些后备猪、淘汰哪些后备猪和目前在育种群指数比较低的个体。如果测定的100头母猪中有30头好于现有育种群300头母猪的后30名，就淘汰原群体的后30头。淘汰的个体进入繁殖群或扩繁场。任何时候，只要有新测定后备猪的指数好于现有群体，就进行淘汰、补充。

七、遗传进展预测

育种方案修订在不同的情况下考虑的重点会有所不同，结果也会有所差异。如果一个育种场带动规模比较大的商品场，除考虑育种场的遗传进展外，需要考虑遗传进展的传递问题；如果考虑更长期的进展，那么就需要平衡短期的进展与长期的进展，不能过分强调在短期内高强度选择产生的遗传进展，因为，选择强度的增加使家系数量下降，导致近交速度迅速提高。同时，连锁不平衡使得遗传方差下降。

$$遗传进展=\frac{选择强度\times遗传变异\times选择准确性}{世代间隔}$$

其中，遗传变异性是遗传改良的基础，相对稳定；选择强度、世代间隔依据育种措施和育种方案而定；选择准确性取决育种值估计的方法和利用的信息量。分子中有一项是零，遗传进展就为零。育种方案的优化就是要在这 4 个因素之间找到最佳平衡。

例如单性状背膘厚的选择：

个体记录的选择准确性＝0.71；

选择比例为母猪 12.5%、公猪 3%，选择强度为母猪 1.6，公猪 2.1；

遗传变异＝1.5 mm，公、母猪的世代间隔均为 1.5 年。

预期年度遗传进展：

$\Delta G=[(0.71\times2.1\times1.5)+(0.71\times1.6\times1.5)][1.5+1.5]=[2.24+1.70]/3=1.3(mm)$

选择的性状越多，每个性状的改进就越小，因此需要做出选择。通常要侧重考虑的性状是有较高的经济价值和有最好的选择反应，最终的目的是通过遗传改良使生产者获得最大利益。

选择强度、遗传变异、选择准确性和世代间隔 4 个因素是相互联系的，不能只考虑一个方面，在影响遗传进展的 4 因素之间做出最优选择。如为了增加选择差，在头胎母猪的后代中，可供选择的个体数量不够时，就需要从第二、三胎母猪中选择，这就增加了世代间隔；但不从第二、三胎母猪中选择，虽缩短了世代间隔，却降低了选择强度。因此，需要全面考虑，找出一个最优方案。

第二章　育种核心群组建

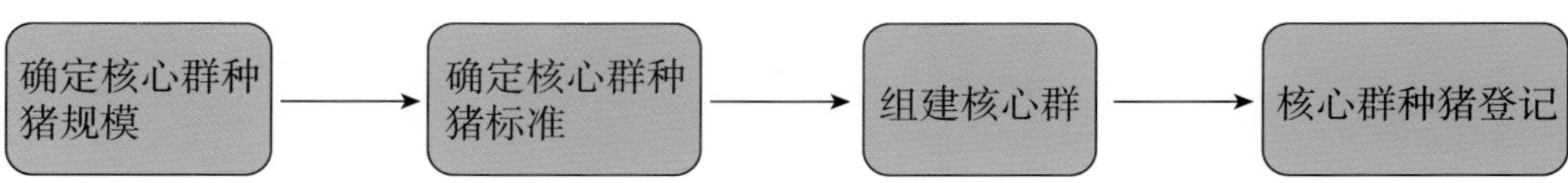

核心群种猪是由直接参加测定和选育的优秀个体组成，对群体遗传改良起核心作用的群体，是整个群体的育种素材，核心群的质量关系到猪场整体的生产性能和种猪场的长期发展战略。核心群处于整个繁育体系金字塔的顶尖位置，核心群的任务就是对纯种群进行严格测定和选择，并不断取得遗传进展，带动扩繁群和生产群水平不断提高。所有的育种措施都在育种核心群实施，核心群是为整个种猪繁育场提供后备种猪的，育种核心群的工作成效决定了整个繁育体系的遗传进展和经济效益。

组建核心群时要做到：①个体优秀，主选性状高于一般水平，所选个体具有明显的优点，以保证核心群的高质量，进入核心群个体的主要性状应经过性能测定；②遗传基础要广泛，尽可能从符合育种目标的大群体中选择优秀个体，使核心群有较大的遗传变异，同时使核心群的亲缘系数最小；③有一定的规模，规模过小，很难有高的选择强度，近交上升也会快，理论上规模越大越好。

一、核心群规模要求

根据我国目前的情况，推荐育种核心群的最低要求应为：长白猪、大白猪的母猪数量不低于 300 头，杜洛克猪、皮特兰猪不低于 200 头，数量再低很难取得明显的育种进展。

如果是 600 头母猪的大白猪或长白猪群体，可以设 300 头的育种核心群、300 头的纯种繁殖群。核心群由一、二、三、四胎母猪组成，繁殖群由五、六、七胎母猪和一、二、三、四胎主动淘汰的母猪组成（有了更好的后备猪替代）。如果一、二、三胎的母猪淘汰率 20％，四胎以后全部转入繁殖群，核心群各胎次的比例大约为一胎 38％、二胎 28％、三胎 20％、四胎 14％，世代间隔可以在 1.5 年左右。

对于父系猪杜洛克猪，因为主选生长速度、瘦肉率和饲料利用效率高遗传力性状，个体本身成绩就有比较高的准确性，建议核心群由一、二、三胎母猪组成，三胎以后全部转入繁殖群，一、二胎的也淘汰 20％。

当然，也可以加大育种核心群的淘汰率，三、四胎的母猪都不选留，这样可以

使世代间隔更短，但在测定量不变的情况下，加大淘汰需要增加留种量，会降低选择强度。

组建核心群的目的是集中力量进行选育测定，繁殖群的后代是不做测定和选留的，首先提高核心群的水平，带动整个纯种群水平的提高，比把整个纯种群当做育种群更快捷、切实可行。

育种核心群可由多个场组成，共同组成一个比较大的育种基础群，实施统一的测定规程和育种方案，这有利于提高遗传进展。由多个场组成育种核心群，每个场的育种核心群数量可以根据场的规模情况灵活安排，建议每个场纯种群的40%～50%作为核心群。

二、核心群种猪质量要求

核心群是未来选育的基础素材，核心群的质量直接决定了整个群体的遗传水平和选育所能取得的进展，对于核心群个体的选择必须坚持宁缺毋滥的原则，总的原则是没有遗传缺陷、健康、性能优良、体型优美。

1. 核心群的性能要求

在繁育体系不同位置的猪要求不一样，终端父本主要考虑生长速度、背膘厚、饲料利用效率，做第一父本的需要同时考虑繁殖性能、生长性能，做第一母本的则繁殖性能更为重要。无论如何所有候选个体都应有性能测定记录（或者根据其父母、祖代评估的育种值），如果是在本场现有群体中选择，母猪需要选择主要性能在平均数以上的个体，公猪必须是排名前10%的个体；如果是外购种猪组成育种核心群，如果有性能指数，同时这个指数比较符合选育要求，那么进入核心群的母猪的指数最低要在平均数，也就是100以上，最好能选择110以上的个体，公猪指数要在125以上。

2. 核心群的体型外貌要求

种猪，不论公猪还是母猪，必须身体结实、结构良好才能发挥自身正常功能，包括产仔、哺乳、使用寿命等。体型性状具有一定的遗传力，因而也可影响下一代的体型、生产性能。种猪卖相不好，直接影响经济效益。体型外貌主要包括品种特征、整体结构、生殖系统、四肢、前后躯的丰满度等。

3. 一些特殊个体的选择

在选择核心群个体的时候，要注意在某些方面特别优秀的个体，如果一头猪性能非常优秀，但体型上有一点小缺陷，而且不严重，这种个体通过有针对性地异质选配，可以产生很优秀的后代。再如一头猪生长速度特别好，但加上其他性能可能刚刚落在了平均数以下，也可以考虑让其进入核心群，可以作为提高生长速度的一个遗传素材。

三、核心群遗传基础要求

核心群组成以后，一般都会封闭选育，这就需要有一定的独立公猪血统数量，来维持群体的遗传变异，尤其现在使用 BLUP 育种，更易导致近交。

如果准备在一个较长时间进行封闭育种，在封闭之前，建议至少有 10 头没有亲缘关系的公猪，最好能有 15 头。在一个小的育种核心群，同时需要关注母猪的血缘情况，也需要对母猪进行血缘管理，否则，很快就会导致近交，给选配工作造成困难。

如果准备几年以后引进新的育种素材，可以对血缘适当放宽，但需要注意的是在引入优秀基因的同时，也可能引入不可知的疾病，给整个生产带来麻烦，所以，引种要慎之又慎。

猪世代间隔短、繁殖力高，选育进展快，如果育种核心群组建的比较好，采取正确的育种方法，通过纯种选育，可以达到快速改良的目的。

核心群种猪选留好以后，按照附件 2 表 10 进行登记。

第三章　选种与选配

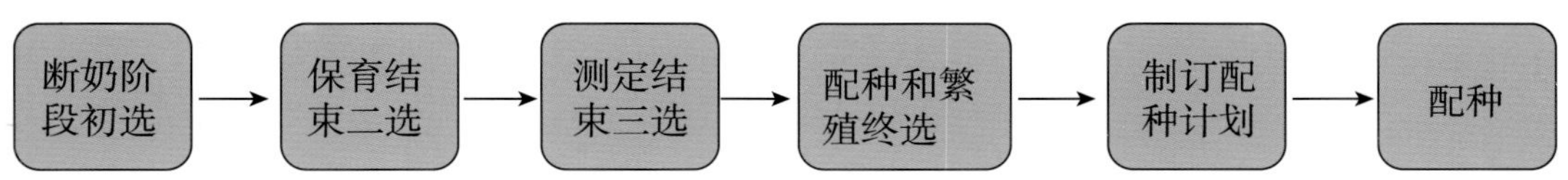

种猪的选种和选配是实现猪群遗传改良的两个基本途径。通过选种，将遗传上优秀的个体选出来繁殖下一代，使得下一代的平均表现能够优于上一代；通过选配，避免群体的过度近交而导致近交衰退，同时增加下一代极端优秀个体出现的机会。

一、选种

（一）自繁后备猪的选择

猪的性状是在个体发育过程中逐渐形成和表现的，故选种是贯穿发育过程的连续行为。在个体发育的不同时期应根据其相应生理特点对主选性状有所侧重。后备猪的选择一般经过 4 个阶段。

1. 种猪初选

（1）种猪初选原则。种猪初选一般在仔猪断奶时进行。初选原则为：仔猪来自高产仔母猪（其母猪产仔数高、断奶窝重大）；无遗传缺陷家系（其公猪和母猪无遗传缺陷。猪的主要遗传缺陷见表 3-1）；群体健康状况良好，无疾病；符合本品种的典型特征，生长发育好，体况佳，体重大，胸宽深，背部宽长，腹部平直，四肢结实有力，肢蹄结构好；有效乳头数 6 对以上（对高产仔母系和优秀地方猪品种要求 7 对以上）且排列整齐，分布均匀，有一定间距，无瞎乳头和翻乳头等损征；公猪睾丸和母猪外阴发育良好。

表 3-1　猪的遗传缺陷

异常	特征	遗传方式
裂腭	腭骨未闭合，可能导致兔唇。致死。初生仔猪不能吮乳	隐性
联体双生	“暹罗双胎”一躯双头或相反；一头而体躯后部分三叉及其他畸形	不明
隐睾	一侧或双侧睾丸不在阴囊而留在体内。不育	隐性

续表 3-1

异常	特征	遗传方式
耳缺陷	耳裂。致死。后肢双生	不明
上皮发生缺陷	体躯或四肢局部皮肤缺失	隐性
过肥症	体重 32～68 lb 即异常肥胖而死。致死	隐性
无眼	无眼畸形,眼缺失	似隐性
胎儿死亡	产死胎或被吸收	隐性
无毛	几无正常毛囊。可能包括遗传性甲状腺机能障碍	隐性常染色体
血友病	猪因细小伤口流血不止而死。初生时不表现,3～4 月龄始进展	隐性
雌雄间性	卵巢和睾丸组织并存,可能同时具备雌性和雄性的外貌	1 对或多对修饰基因
鼠蹊疝	肠通过鼠蹊环漏出	不明
阴囊疝	肠通过大鼠蹊管落入阴囊	隐性
脐疝	腹壁肌组织缺隐,致使肠透出	显性
腹壁疝	肠突入腹部缺陷肌层和正常肌层之间	不明
脑积水	脑增大,颅腔有大量液体。致死	隐性
高温症	当遇麻醉应激刺激时体温升高	隐性
内翻乳头	乳头内翻,无泌乳功能,状如公猪的阴鞘	不明
其他乳头异常	包括有乳腺突起而无奶头的瞎乳头,不能泌乳的发育不全的小赘生乳头,距腹线过远的错位乳头	不明
同族免疫溶血性贫血	小猪 72 h 内死亡。遗传来自阳性公猪,导致阴性免疫反应母猪的初乳中有抗体存在,使仔猪致命	不明
怪尾	畸形,尾打硬弯	隐性
软阴茎综合征	阴茎不能勃起	不明
黑变瘤	皮肤瘤或痣,出生时小,以后体积增大,严重色素沉积,包括被毛。有些痣不发生	隐性
肌肉挛缩	前肢僵直	隐性
麻痹	后肢麻痹。致死	隐性
多趾	前脚多趾(有额外趾)	可能是显性
猪应激综合征	猪在兴奋、运动、运输、接种、去势、交配等应激刺激下突然死亡。体温升高。死亡可能发生在屠宰前任何时间	隐性
PSE 肉	PSE 肉与 PSS 有密切关系。猪肉软、苍白、质地松、很少或没有大理石纹状结构	不明
卟啉血症	内分泌代谢机能失常	显性
无腿	无腿,生后不久死亡	隐性
先天性肌痉挛	初生仔猪神经性共济失调,震颤。轻重不一,从哆嗦到不能吸奶。症状随年龄减轻	不明
短腭	一腭比另一腭短	隐性

续表 3-1

异常	特征	遗传方式
短脊柱	脊椎骨比正常的少	隐性
八字腿	出生时不能站立或走路，通常两后随向两侧斜伸或向前斜伸	不明
跛行症	腿提起时肌痉挛。跛行	隐性
并蹄畸形	如同一趾的单蹄动物	显性
前肢肥大	由于结缔组织凝胶状浸润代替了肌肉，使前肢异常肿大。致死	隐性
尿殖道缺陷	各种尿殖道缺陷	隐性
肉髯	颈前部皮肤似有下垂物	显性
螺旋毛	被毛螺旋状弯曲	显性
绵毛	卷曲绵毛	显性

断奶时应尽量多留。一般来说，初选数量为最终预定留种数量公猪的 10～20 倍以上，母猪的 5～10 倍以上，以便后面能有较大的选择余地，加大选择强度，确保选择进展。在选留过程中要根据育种目标，考虑保留足够的家系和血缘，以防止选留群体的近交系数增加过快。

(2)种猪初选登记。通过初选的种猪应该保留完整的种猪登记。总体要求是来源清楚，有独特的个体标识和完整的系谱档案记录(有 3 代以上系谱可追溯)，有出生日期、初生重、断奶日龄和断奶重等数据资料以及完整的母猪产仔记录，以作为繁殖性状选择和遗传评估的依据。需要登记的性状包括：

总产仔数　出生时同窝的仔猪总数，包括死胎、木乃伊和畸形猪在内。

活产仔数　出生 24 h 内同窝存活的仔猪数，包括衰弱和即将死亡的仔猪在内。

初生重　仔猪出生后 12 h 以内称的重量。

初生窝重　同窝活产仔猪初生重的总和。

寄养头数　仔猪寄出或寄入的头数。由于母性环境改变迅速，出生 5 d 后不应再寄养，必须在 3 d 内完成寄养。超过 3 d 寄养的不能用于遗传评估。

断奶窝重　断奶时的全窝总重量。断奶窝重作为母猪泌乳力的重要指标，14 日龄以前和 38 d 以后的断奶窝重不能记入，以保证 21 d 校正断奶窝重的准确性。

断奶头数　全窝同时断奶时存活仔猪数。

产仔间隔　母猪前、后两胎产仔日期间隔的天数。产仔间隔可选择性用于遗传评估，间隔时间的长短表明母猪子宫完全恢复并再次怀孕的能力。当有流产发生时其产仔间隔不能用于遗传评定。

初产日龄　母猪头胎产仔时的日龄。衡量个体性成熟的时间，可直接影响母猪的终生繁殖能力。

21 天校正窝重　21 天校正窝重根据实际窝重和称重日龄进行计算。校正公式如下：

21 天校正窝重＝实际窝重×(校正因子)

对应于各称重日龄的校正因子如表 3-2 所示。

表 3-2　称重日龄校正因子

日龄	校正因子	日龄	校正因子
14	1.29	27	0.84
15	1.24	28	0.82
16	1.19	29	0.80
17	1.15	30	0.78
18	1.11	31	0.76
19	1.07	32	0.74
20	1.03	33	0.72
21	1.00	34	0.70
22	0.97	35	0.68
23	0.94	36	0.66
24	0.91	37	0.64
25	0.88	38	0.62
26	0.86		

2. 保育结束阶段选择

保育猪要经过断奶、换环境、换料等几关的考验，保育结束一般仔猪达 70 日龄，断奶初选的仔猪经过保育阶段后，有的适应力不强，生长发育受阻，有的遗传缺陷逐步表现，因此，在保育结束拟进行第二次选择，将体格健壮、体重较大、没有瞎乳头、公猪睾丸良好、没有遗传缺陷的初选仔猪转入下阶段测定，一般要保证每窝至少有 1 公 2 母进入性能测定。

3. 测定结束阶段选择

性能测定一般在 5～6 月龄结束，这时个体的重要生产性状（除繁殖性能外）都已基本表现出来，并且也有了遗传评估的结果，因此，这一阶段是选种的关键时期，应作为主选阶段。此时的选择应以遗传评估结果和体型外貌为依据，按一定的选择比例，选择优良的个体留种。

（1）基于遗传评估结果的选择。每批测定结束的公、母猪，分别在种猪选留前，对各选择性状进行场内全群统一的遗传评估（在具备遗传联系的条件下进行场间联合遗传评估），同时按各品种（系）的育种方向，计算每一个体的选择指数，并按附件 2 表 8 整理列表排序。推荐的选择指数如下：

终端父本指数＝100－2.0×目标体重日龄 EBV－4.8×背膘厚 EBV

母系指数＝100－10.0×目标体重日龄 EBV－24.0×背膘厚 EBV＋120.0×活仔数 EBV－20.0×断奶至首配 EBV＋8.8×21 日龄窝重 EBV

一般情况下，应根据指数的高低来进行选种，但要考虑的是用父系指数还是母系指数。这要根据候选猪品种在商品猪的杂交生产体系中是用作父系还是用作母系而定，父系指数用于父系品种中的公、母猪的选择，母系指数用于母系品种中公、母猪的选择。父系是用作终端父本或生产终端父本的品种，母系是用作终端母本或生产终端母本的品种。例如，在杜洛克猪×(长白猪×大白猪或大白猪×长白猪)的杂交生产体系中，杜洛克猪是父系，长白猪和大白猪是母系。在(杜洛克猪×皮特兰猪)×(长白猪×大白猪)的生产体系中，杜洛克猪和皮特兰猪是父系，长白猪和大白猪是母系。在一个群体中，父系指数和母系指数的平均数大约为 100，标准差大约为 25，指数大于 100，意味着高于平均数，指数超过 125 的个体只有约 16%，指数超过 150 的个体只有约 2.5%。在有的情况下，也可根据各个性状的 EBV 来选择，如果特别希望猪群在某个性状上有较快的改进，可以考虑选择在该性状上 EBV 很突出的个体(其指数不一定最好)，但在其他性状上也不是很差的个体。

(2)基于体型外貌的选择。体型外貌主要考虑肢蹄结实度、乳头数和形状、生殖器官等方面，淘汰在这些方面有缺陷(如 O 形或 X 形腿、有内翻乳头、外阴部特别小等)的个体。

该阶段的选留数量可比最终留种数量多 15%～20%。

首先淘汰相应选择指数低于群体平均数以下的候选母(公)猪，然后将剩余候选母(公)猪仍按附件 2 表 7 整理列表，逐头进行体型外貌评分。体型貌评分可参考表 3-3 至表 3-5。

表 3-3　杜洛克猪外貌评分表

项目	要求	满分
品种特征	体质：健康、结实、活泼 毛色：棕红，棕黑 耳型：短、竖立	10
前躯	丰满，肌肉发达，深宽适中	10
中躯	背腰长度适中，腹部紧凑	20
后躯	腿臀部丰满	30
乳头与生殖器官	乳头排列整齐，有效乳头数 6 对以上，无瞎乳头、小乳头、内翻乳头等不正常乳头，生殖器官发育正常	10
四肢	结实有力、粗壮	20
合计		100

表 3-4 长白猪外貌评分表

项目	要求	满分
品种特征	体质:健康、结实、活泼 毛色:纯白,允许皮肤有少量斑点 耳型:长、前耸	10
前躯	丰满,肌肉发达,深宽适中	10
中躯	背腰长,腹部紧凑不下垂	20
后躯	腿臀部丰满	25
乳头与生殖器官	乳头排列整齐,有效乳头数 7 对以上,无瞎乳头、小乳头、内翻乳头等不正常乳头,生殖器官发育正常	15
四肢	结实有力、粗壮	20
合计		100

表 3-5 大白猪外貌评分表

项目	要求	满分
品种特征	体质:健康、结实、活泼 毛色:纯白 耳型:较短,竖立	10
前躯	丰满,肌肉发达,深宽适中	10
中躯	背腰长度适中,腹线平直不下垂	20
后躯	腿臀部丰满	25
乳头与生殖器官	乳头排列整齐,有效乳头数 7 对以上,无瞎乳头、小乳头、内翻乳头等不正常乳头,生殖器官发育正常	15
四肢	结实有力、粗壮	20
合计		100

候选母(公)猪体型外貌评分后,首先列出如附件 2 表 8 中的选择指数、血统属性等信息,然后综合体型外貌评分、血统属性,以及群体中的亲属分布等信息,最终选留后备公(母)猪。

4. 配种和繁殖阶段选择

这时后备种猪已经过了三次选择,对其祖先、生长发育和外貌等方面已有了较全面的评定。选留的后备公(母)猪按附件 2 表 9 整理相关信息,母猪主要根据初情期、发情征兆等,公猪则观察其性欲、爬跨能力和精液品质等。对下列情况的母猪可考虑淘汰:①至 7 月龄后毫无发情征兆者;②在一个发情期内连续配种 3 次未受胎者;③断奶后 2 月龄无发情征兆者;④母性太差者;⑤产仔数过少者。公猪性欲低、精液品质差,所配母猪产仔数均较少者淘汰。

(二)后备种猪选留频度的确定

对以周为生产节律的种猪场,根据本场不同品种(系)育种群规模的大小和所要求的种猪更新率,可以预计每周需补充后备种猪的数量,在此基础上按每批选留时的候选母(公)猪应至少保证适当数量和包含 2 个以上血统的候选母(公)猪。对于群体超过 10 个血统和 300 头以上生产母猪的品种(系),后备母猪的选留频度基本可以 1 周为单位,而后备公猪的选留频度则应在 2 周以上。

例如,某场长白猪核心群母猪 300 头,包含 10 个血统,每个血统 1 头公猪。如果公、母猪更新率分别为 100%和 40%,公猪测定规程为每窝平均结束测定母猪 2 头、公猪 1 头,则平均每周结束测定母猪 24 头、公猪 12 头。而在考虑后备母猪培育成功率和配种分娩率后,每周需补充约 4 头后备母猪,即在 24 头测定结束的母猪中选留 4 头,留种率约 20%,正常情况下,24 头测定结束母猪中包含 2 个血统以上的个体,因此,后备母猪选留每周进行是适宜的。同样地,后备公猪应以每月(4 周)为宜。

二、选配

选配是指在选出的种猪中,如何进行公、母猪个体间的选配。以随机交配(即公、母猪之间完全随机地交配,不考虑它们的亲缘关系和生产性能)为基准,分为品质选配(性能选配)和亲缘选配两种方式,两者之间侧重点不同,但又有所联系。

品质选配是根据公、母猪的生产性能(以遗传评估结果来衡量)来选择性的交配,又分为同质选配和异质选配,同质选配是选择性能相近的公、母种猪进行交配,即性能优秀的公猪配性能优秀的母猪,性能较差的公猪配性能较差的母猪,这种交配将增加后代群体中变异性,并增加后代中出现优秀的极端个体的机会。异质选配是性能优秀的公猪配性能较差的母猪,性能较差的公猪配性能优秀的母猪,这种选配将增加后代群体中的同质性。在实际生产中通常是采用同质选配,并适当增加优秀种公猪的配种频率,即优秀的公猪配更多的母猪。

亲缘选配是根据交配双方的亲缘关系进行选配。如果双方间存在亲缘关系,就叫近亲交配(近交)。在随机交配的情况下,也可能会出现近交,如果有意识地避免某种程度的近交,就称为远亲交配(远交)。亲缘关系的远近可以用亲缘系数来度量。在交配双方都为非近交个体且它们的共同祖先也是非近交个体的前提下,全同胞之间亲缘系数为 0.5,半同胞之间亲缘系数为 0.25,亲子之间亲缘系数为 0.5。在实际的群体中,由于种猪选育群规模限制,每个世代的双亲都有一定程度的近交系数和亲缘系数,所以实际上或多或少都存在近交的情况,并且同胞之间及亲子之间的亲缘系数都要大于以上的数值。由近交所产生的后代称为近交个体,近交的程度用近交系数来度量,如果双亲都是非近交个体,则后代的近交系数等于双亲的亲缘系数的一半。

近交在揭露有害基因、保持优良个体血统、提高猪群同质性、固定优良性状及培育实验动物都是有效甚至是必需的手段。但是,对于多数性状,尤其是遗传力较低的性状(如产仔数、断奶仔猪数等),近交会造成近交衰退,即后代平均数低于亲本的平均数,见表 3-6。在现有瘦肉型种猪改良选育中,由于群体规模的限制,近交往往是不可避免的,需要通过选配来控制过度的近交,将群体的近交水平控制在一定范围内。因此,在亲缘选配时,需要注意以下几点:

①母猪配种前需进行公母猪亲缘系数配对计算,安排相互间亲缘系数较小的公、母猪进行配种,绝对避免亲子交配和同胞(包括半同胞)交配,尽量避免有共同祖父(母)或外祖父(母)的公、母猪间的交配。一般情况下规定其后裔的近交系数不超过 0.062 5 即可以。具体可将该母猪与候选可配公猪间后裔的近交系数列表以便操作。

②有意识地保留一定血统数量,这样是照顾种猪销售中客户对公猪血统数量的需求,同时也能避免过度集中使用某个种公猪造成近交的局面。

③坚决不在出现遗传缺陷的窝中选择后备猪,这样可以逐步淘汰隐性有害基因。如果某个家系出现比较明显的遗传缺陷,就要考虑及时将生产缺陷后代的公、母猪一律淘汰。

④加强基因交流,开展联合育种,从国内外引进经过遗传评估的优秀公猪精液进行输精,这样,相当于在公猪水平上扩大基础群规模,减少近交的风险。

⑤加快核心群种公猪的更新速度。

⑥限制种公猪在核心母猪群中的最高配种比率。为实际操作方便通常可规定最多配种窝数 30 窝后即不参与核心群母猪的选配。

最后,根据以上分析结果汇总附件 2 表 3。

表 3-6 猪中几个主要性状的近交衰退

近交系数	产活仔数	出生重/kg	断奶窝仔数	断奶重/kg	154 日龄重/kg
0.1	−0.3	−0.032	−0.5	−0.437	−1.04
0.2	−0.6	−0.045	−1.1	−1.256	−4.91
0.3	−0.9	−0.050	−1.8	−2.295	−9.99
0.4	−1.2	−0.058	−2.5	−3.416	−14.85
0.5	−1.5	−0.081	−3.1	−4.460	−17.64

第四章 种猪登记

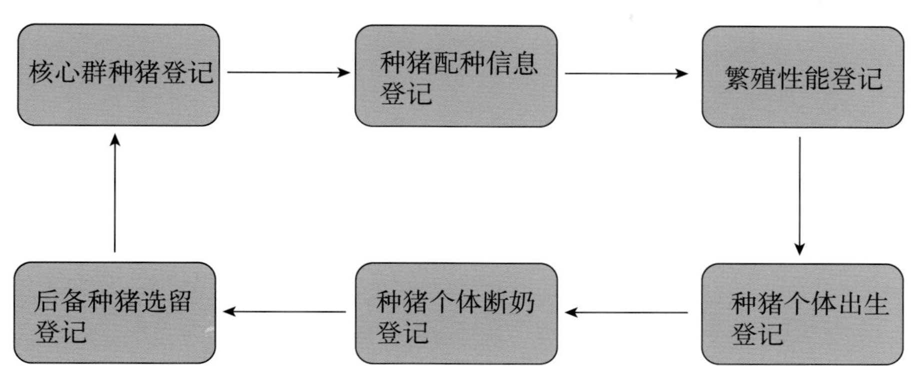

种猪登记是指对具有作为种猪潜力的纯种猪的个体档案在全国种猪遗传评估中心进行注册登记。种猪登记是一切育种工作的基础,其目的是:①使每头种猪有一个合法的身份,也就是说,只有经过登记的猪才是合法的种猪;②保证每头种猪具有唯一的个体识别编号;③保证每头种猪来源清楚、系谱完整;④保证品种的纯度;⑤保障遗传评估的数据质量。

一、登记范围与时间

以下猪只应参加登记:

①本场出生的所有在群纯种猪(断奶前即被淘汰的仔猪无需登记);

②由国外引进的纯种猪(包括精液或胚胎);

③由国内其他种猪场引进的种猪,原则上应已在其出生场做过登记,若未做登记,应补充登记;

④已离群但有性能测定记录,过去未做过登记,应补充登记。

本场出生的猪只应在断奶后尽快登记(不超过 60 日龄)。

二、登记内容

需登记的内容见表 4-1。

表 4-1 种猪登记内容及数据的合理范围

项目	说明/合理范围	备注
个体号(ID)	15 位字符组成	必填
性别	1:公,0:母	必填
在场状态	1:在群,0:离群	必填
父亲 ID	同个体号	必填
母亲 ID	同个体号	必填
出生日期	小于等于当前日期	必填
入场日期	本场出生的猪应等于出生日期,非本场出生的猪应小于等于当前日期,大于出生日期	必填
断奶日期	断奶日龄:7～40 d	
出生场编号	场代码＋分场编号	必填
现在场编号	场代码＋分场编号	必填
来源	1:本场出生;2:国内购入;4:国外引种	必填
品种	见品种代码表(表 4-2)	必填
品系	见品系代码表(表 4-3)	必填
出生胎次	1～10 胎	
耳缺号	6 位数字	必填
出生重	0.5～3 kg	
同窝仔猪数	1～30 头	
断奶体重	3～15 kg	
左乳头数	1～12 个	
右乳头数	1～12 个	
应激基因型	NN,Nn,nn	

注:备注中的“必填”表示该项目是在种猪登记时必需登记的信息,如果缺失,则该登记记录无效。

表 4-2 种猪品种编码表

品种名称	品种编码
杜洛克猪	DD
汉普夏猪	HH
长白猪	LL
皮特兰猪	PP
大白猪	YY

表 4-3 种猪品系编码表

品种编号	品系编号	品系名称
DD	DD01	自繁杜洛克猪
DD	DD02	美系杜洛克猪
DD	DD03	丹系杜洛克猪

续表 4-3

品种编号	品系编号	品系名称
DD	DD04	比系杜洛克猪
DD	DD05	挪系杜洛克猪
DD	DD06	英系杜洛克猪
DD	DD07	瑞系杜洛克猪
DD	DD08	台系杜洛克猪
DD	DD09	加系杜洛克猪
HP	HP01	自繁汉普夏猪
LL	LL00	法系长白猪
LL	LL01	自繁长白猪
LL	LL02	美系长白猪
LL	LL03	丹系长白猪
LL	LL04	比系长白猪
LL	LL05	挪系长白猪
LL	LL06	英系长白猪
LL	LL07	瑞系长白猪
LL	LL08	台系长白猪
LL	LL09	加系长白猪
PP	PP01	自繁皮特兰猪
PP	PP02	美系皮特兰猪
PP	PP03	丹系皮特兰猪
PP	PP04	比系皮特兰猪
PP	PP05	挪系皮特兰猪
PP	PP06	英系皮特兰猪
PP	PP07	瑞系皮特兰猪
PP	PP08	台系皮特兰猪
PP	PP09	加系皮特兰猪
PP	PP10	法系皮特兰猪
YY	YY01	自繁大白猪
YY	YY02	美系大白猪
YY	YY03	丹系大白猪
YY	YY04	比系大白猪
YY	YY05	挪系大白猪
YY	YY06	英系大白猪
YY	YY07	瑞系大白猪
YY	YY08	台系大白猪
YY	YY09	加系大白猪
YY	YY10	法系大白猪

(一)个体号(ID)编号规则

个体号是每头猪只的身份识别号,每个个体有一个全国唯一的个体号。每个个体的个体号一旦确定后,就不再变动,该个体号将伴随其一生。当该个体转入其他场时,仍沿用此个体号,不得更改。

1. 国内出生猪只编号规则

实行全国统一的种猪编号系统,该系统由 15 位字母和数字构成,编号原则为:

第 1～2 位:品种代码(见品种代码表 4-2);

第 3～6 位:个体出生场代码;

第 7 位:场内分场编号;

第 8～9 位:个体出生时的年度,取自然年度的后两位数;

第 10～15 位:个体耳号,它又由 2 部分组成;

第 10～13 位:用数字表示场内年度内窝顺序号(打在猪只的右耳上);

第 14～15 位:用数字表示窝内个体顺序号(打在猪只的左耳上)。

例如,DDXXXX199000101 表示 XXXX 场第 1 分场 1999 年出生的第 1 窝中的第 1 头杜洛克纯种猪。

2. 国外引进种猪编号规则

对于由国外(种猪场或育种公司)引入的种猪,需在其原种猪卡(由育种协会或公司签发)中的注册号的基础上,按以下规则进行编号:

美国(National Swine Registry)

原注册号(Registration):8～9 位数字(长白猪 8 位,大白猪和杜洛克猪,9 位)

中国注册号:USA+3 或 4 个 0+原注册号

例:长白猪,原注册号:87563005,中国注册号:USA000087563005

大白猪,原注册号:445491010,中国注册号:USA000445491010

加拿大(Canadian Swine Breeders' Association)

原注册号(Reg. No.):7 位数字

中国注册号:CAN+5 个 0+原注册号

例:原注册号:1917136,中国注册号:CAN0000001917136

丹麦(Dan Bred)

原注册号(H. B. No):NNN-NNNN-NN(N 代表数字)

中国注册号:DAN+3 个 0+原注册号(去掉中间的横杠)

例:原注册号:914-6215-08,中国注册号:DAN000914621508

法国(ADN 和 French Swine Breeder's Association)

原注册号(IDENTITE DEL'ANIMAL 或 Registration number):

16 位数字和字母,FR+×××××+出生年份+×××××(×代表数字或字母)

中国注册号:FRA+×××××+出生年份的后 2 位+×××××

例:原注册号:FR22RK920090D197,中国注册号:FRA22RK9090D197

英国(British Pig Association)

原注册号(Registration number):9 位数字和字母

中国注册号:ENG+3 个 0+原注册号

例:原注册号:R005487LW,中国注册号:ENG000 R005487LW

Genus-PIC(皮埃西)

原注册号(IDENT):8 位数字

中国注册号:PIC+4 个 0+原注册号

例:原注册号:57143288,中国注册号:PIC000057143288

Hypor(海波尔)

原注册号(Registration number):7 位数字

中国注册号:HYP+5 个 0+原注册号

例:原注册号:4697663,中国注册号:HYP000004697663

Topigs(托佩克)

原注册号:6 位字母和数字

中国注册号:TOP+6 个 0+原注册号

France Hybrides(伊比得)

原注册号(Ident. number):11 位数字和字母

中国注册号:FHY+0+原注册号

例:原注册号:45LNF902540,中国注册号:FHY045LNF902540

(二)场代码和分场序号

场代码由 4 个英文字母组成,每个种猪场的场代码在全国范围内必须是唯一的。各场可自行编码,编码应尽量用场名的拼音或英文的缩写,如 BJXD 是“北京顺鑫农业股份有限公司小店畜禽良种场”的代码(北京小店拼音的缩写),BBSC 是“北京养猪育种中心”的代码(英文缩写)。各场自编的代码需报全国种猪遗传评估中心确认,经确认未与其他场的代码重复后方可采用。原则上,每个种猪场必须是一个独立的法人单位,有一个(且只有一个)唯一的代码,场内分场(不是独立法人)不能有独自的猪场代码。

场内分场序号由一位数字或字母表示,可先用数字 1～9,然后用大写字母

A～Z,无分场的种猪场用1。

(三)个体变更登记

当由本场登记过的种猪由于各种原因离开了本场,应在离场后2周内进行变更登记,登记内容包括个体号,离场日期,离场原因(死亡、淘汰、出售),如果是被出售,记录购入场。

(四)登记方法

1.在全国种猪遗传评估中心注册

种猪场在进行种猪登记前,需在全国种猪遗传评估中心注册成为中心用户,访问全国种猪遗传评估信息网(http:// wwww. cnsge. org. cn),在网站首页右侧点击“注册”,然后按提示完成注册,请仔细阅读“用户注册说明”。需特别注意的是,为保证猪场编号的全国唯一性,用户自行设定的编号需经遗传评估中心确认后方可使用。

2.种猪登记

有两种方式可在全国种猪遗传评估中心进行种猪登记,一是在线种猪登记,二是离线种猪登记。

在线登记是指直接在全国种猪信息网上进行种猪登记,步骤如下:

(1)进入全国种猪遗传评估信息网并用相应的用户名和密码进行用户登录;

(2)进入“种猪登记”模块;

(3)点击“猪只在线登记”,进入“猪只在线登记”界面;

(4)填写猪只信息;

(5)点击“确认”,完成登记。

离线登记是指先将需登记的信息录入本地电脑的数据管理系统,如GBS、GPS、Herdsman等,再上传到全国种猪遗传评估中心。上传步骤见第六章“数据管理”。

第五章 性能测定

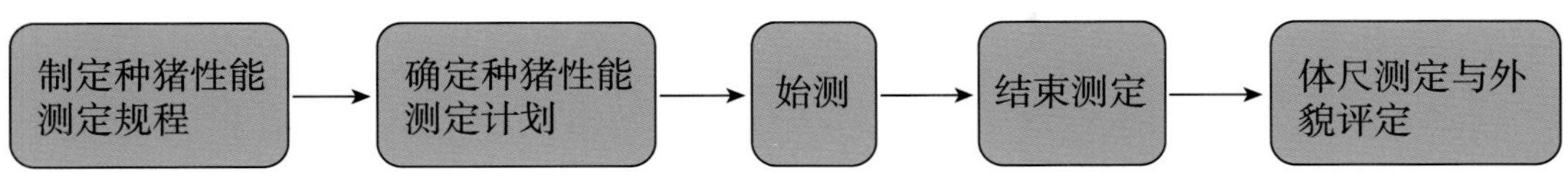

一、性能测定的意义

性能测定(performance testing)是指系统地测定与记录猪只个体生产性能成绩。其目的在于:①为家畜个体遗传评定提供信息;②为估计群体遗传参数提供信息;③为评价猪群的生产水平提供信息;④为猪场的经营管理提供信息;⑤为评价不同的杂交组合提供信息。

性能测定是家畜育种中最基本的工作,它是其他一切育种工作的基础,没有性能测定,就无从获得上述各项工作所需要的各种信息,家畜育种就变得毫无意义。而如果性能测定不是严格按照科学、系统、规范化规程去实施,所得到信息的全面性和可靠性就无从保证,其价值就大打折扣,进而影响其他育种工作的效率,有时甚至会对其他育种工作产生误导。有鉴于此,世界各国,尤其是养猪业发达的国家,都十分重视生产性能测定工作,并逐渐形成了科学、系统、规范化的性能测定系统。我国的猪育种工作的总体水平与世界发达国家相比有较大差距,造成这种差距的主要原因之一就是缺乏严格、科学和规范的生产性能测定,它严重影响了其他育种工作的开展和效率,因而需要格外引起重视。

不同的测定制度,由于选种准确性、选择强度与世代间隔不同,获得的遗传进展也不同。目前,结合我国实际,依据记录资料的不同,所执行的是以“场内测定为主、测定站(中心)监测为辅”的种猪测定制度,测定方式包含个体性能测定、同胞测定和后裔测定三者相结合的综合测定,其中,个体性能测定是基础,同胞测定和后裔测定是补充。尽管同胞测定和后裔测定都包含有性能测定,但在数据应用和遗传评估上,使用同胞测定和后裔测定的信息,可以使得个体的遗传评估更加准确。因此,在育种中,我们通常采用“个体性能测定、同胞测定和后裔测定相结合的综合测定”,以获得更大的遗传进展,遗传改良效果也会更好。

二、性能测定的一般原则

性能测定包括测定方法的确定、测定结果的记录和管理以及测定的实施

3个方面，在这3个方面所要掌握的一般原则如下。

（一）测定方法

这里的测定方法包括所使用的测定设备、测定部位、测定的操作程序等。

①所用的测定方法要保证所得的测定数据具有足够高的准确性和精确性。准确性是指测定的结果的系统误差的大小（是否有整体偏大或偏小的趋势），精确性是指如果对同一个体重复测定所得结果的可重复程度。可靠的数据是育种工作能否取得成效的基本保证，而可靠的数据来源于具有足够准确性和精确性的测定方法。

②所用的测定方法要有广泛适用性。我们的育种工作常常并不只限于一个场或一个地区，因而在确定测定方法时要考虑在我们的育种工作所覆盖的所有单位是否都能接受。当然这并不意味着要去迁就那些条件差的单位，一切仍应以保证足够的精确性为前提。

③尽可能地使用经济实用的测定方法。在保证足够的精确性和广泛的适用性的前提下，所选择的测定方法要尽可能地经济实用，以降低性能测定的成本，提高育种工作的经济效益。

（二）测定结果的记录与管理

①对测定结果的记录要做到简洁、准确和完整。要尽量避免由于人为因素所造成的数据的错记、漏记。为此，要尽可能地使用规范的记录表格进行现场记录。

②标明影响性状表现的各种可以辨别的系统环境因素（如年度、季节、场所、操作人员、所用测定设备等），以便于遗传统计分析。

③对测定记录要及时录入计算机数据管理系统，以便查询和分析，对原始记录也要进行妥善保管，以便必要时核查。

（三）性能测定的实施

①性能测定必须保持客观和公正，不能有意或无意地对任何一头或一群猪有偏好或歧视，保证测定数据是客观真实的。

②在联合育种的框架内，性能测定的实施要有高度的统一性，即在不同的育种单位中要测定相同的性状，用相同的测定方法和记录管理系统。

③性能测定的实施要有连续性和长期性。育种工作是一项长期的工作，只有经过长期的坚持不懈的努力，才能显出成效，所以不能只考虑眼前利益，断断续续，更不能做一段时间后就放弃不做，这样不仅看不到成效，还会前功尽弃。

④要有足够大的测定规模。性能测定是为种猪选择服务的，通过选择能够

获得的遗传进展与选择强度成正比，而选择强度又取决于测定的规模，必须有足够大的测定规模才能获得足够高的选择强度。

三、性能测定的基本形式

从实施性能测定的场所来分，性能测定可分为测定站测定（station test）和场内测定（on-farm test）。

测定站测定是指将所有待测个体集中在一个专门的性能测定站中，在一定时间内进行性能测定。这种测定形式的优点是：①由于所有个体都在相同的环境条件（尤其是饲养管理条件）下进行测定，个体间在被测性状上所表现的差异就主要是遗传差异，因而在此基础上的个体遗传评定就更为可靠；②容易保证做到中立性和客观性；③能对一些需要特殊设备或较多人力才能测定的性状进行测定。其缺点是：①测定成本较高；②由于成本高，测定规模受到限制，因而选择强度也相应较低；③在被测个体的运输过程中，容易传播疾病；④在某些情况下，利用测定站的测定结果进行遗传评定所得到的种畜排队顺序与在生产条件下这些种畜的实际排队顺序不一致，造成这种不一致的原因是“遗传—环境互作”，也就是说，同一种基因型在不同的环境中会有不同的表现。由于我们选出的种畜是要在生产条件下使用的，因而在用测定站测定的结果来选择种畜时要特别谨慎。

场内测定是指直接在各个猪场内进行性能测定，也不要求在统一的时间内进行。其优缺点正好与测定站测定相反，此外，在各场间缺乏遗传联系时，各场的测定结果不具可比性，因而不能进行跨场的遗传评定。

早在 1907 年，丹麦建立了世界上第一个猪的中心测定站，随后在北欧各国如瑞典、芬兰、挪威等地相继效仿。在 20 世纪 30—40 年代，美国、加拿大等国也建立起各自的中心测定站。在 20 世纪 60—70 年代，测定站测定在发达国家中得到了普遍使用。直至 1985 年，由农业部在武汉建立我国第一家种猪测定机构，拉开了我国种猪中心测定的序幕。1995 年广东省种猪测定中心建成并投入使用，每年均进行二次中心测定与种猪展销，大大促进了广东省种猪场开展种猪测定的积极性，规范了全省种猪场的测定工作，这对促进全省种猪的遗传改良起到了积极作用。

自 20 世纪 80 年代以来，由于新的遗传评定方法（如动物模型 BLUP）能够有效地校正不同环境的影响，并能借助不同猪群间的遗传联系进行种猪的跨群体比较，也由于人工授精技术的发展，为种公猪的跨群体使用创造了条件，从而增加了群间的遗传联系，这样就使场内测定的一些重要缺陷得到了弥补，因而场内测定逐渐成为猪性能测定的主要方式，而测定站测定则主要用于种公猪的测定和选择，同时也用于一些需要大量人力或特殊设备才能测定的性状，如胴体性状、肉质性状等。在我国,中心测定站为新品种(配套系)的审定提供权威测定数据。

四、我国生猪遗传改良计划实施方案中要求的必测性状和建议测定性状

根据我国目前种猪选育现状和性能测定基础,在我国生猪遗传改良计划实施方案中要求的必测性状为:

生长性能:①达 100 kg 体重日龄;②100 kg 体重活体背膘厚。

这两个性状可根据猪只在 85～115 kg 体重范围内时测定的实测值校正得到。

繁殖性能:③总产仔数。

除了以上必测性状,我国生猪遗传改良计划实施方案中还建议对以下性状进行测定或记录:④21 日龄窝重(根据实际断奶窝重校正得到)。

生长性能:①30～100 kg 体重日增重;②100 kg 体重肌内脂肪含量;③采食量;④饲料转化效率。

繁殖性能:⑤活产仔数;⑥产仔间隔;⑦初产日龄;⑧21 日龄窝重(根椐实际断奶窝重校正得到)。

有条件的种猪场还可进行胴体和肉质性状的测定。

这些性状的定义可参阅“NY/T 820—2004 种猪登记技术规范”、“NY/T 821—2004 猪肌肉品质测定技术规范”,其度量方法阐述如下。

1. 达 100 kg 体重日龄

在实施性能测定时,以电子笼秤对体重在 85～115 kg 范围内的后备种猪进行称重,并记录其日龄。再利用如下公式将其校正为达 100 kg 体重日龄:

校正日龄＝测定日龄－[(实测体重－100)/CF]

其中:CF 为校正因子,其计算过程需要考虑后备猪的性别。需要特别注意的是,目前我国采用的校正因子是借鉴加拿大国家数据库中体重在 75～115 kg 范围的后备母猪和公猪计算得到的,不能应用于上述体重范围以外的个体。

CF＝(实测体重/测定日龄)×1.826 040(公猪)

CF＝(实测体重/测定日龄)×1.714 615(母猪)

要求:测定猪体重达 85～115 kg 范围时实施测定,一般空腹 24 h 后测定,待测猪在单体电子笼秤上称重,记录个体号、性别、测定日期、测定体重、测定人员、测定设备型号等信息。

2. 100 kg 体重活体背膘厚

在测定达 100 kg 体重日龄的同时,测定 100 kg 体重活体背膘厚。采用 B 型超声波测定仪扫描测定倒数第 3～4 肋之间、距背中线 5 cm 处皮肤和皮下脂肪

的厚度，即背膘厚，单位：mm。测定后，按如下校正公式转换成 100 kg 体重活体背膘厚：

校正背膘厚＝实测背膘厚×CF

其中：CF＝A/{A＋[B×(测膘体重－100)]}

A 和 B 由表 5-1 给出。

表 5-1　校正背膘厚的 *A* 和 *B* 值

品种	公猪		母猪	
	A	*B*	*A*	*B*
大白猪	12.402	0.106 530	13.706	0.119 624
长白猪	12.826	0.114 379	13.983	0.126 014
杜洛克猪	13.468	0.111 528	15.654	0.156 646
汉普夏猪	13.113	0.117 620	14.288	0.124 425

3. 总产仔数

出生时同窝的仔猪总数，包括活仔、死胎、木乃伊和畸形猪在内，单位：头。

4. 100 kg 体重眼肌面积/厚度

测定部位、测定时间、测定设备与测定 100 kg 体重活体背膘厚相同。即在测定达 100 kg 体重日龄的同时，测定 100 kg 体重时的眼肌面积或眼肌厚度，单位：cm^2 或 mm。

5. 30～100 kg 体重日增重

测定猪只 30～100 kg 体重范围内的平均日增重，单位：g/d，保留一位小数。表示猪在一定时间内体重的平均日增重。实际测定中，入试体重选择在 27～33 kg范围内开始，体重达 90～105 kg 结束测定，计算日增重时，应将个体的入试体重校正到 30 kg，结束体重校正到 100 kg，然后计算其校正日增重；同样，对达 30 kg 体重的日龄和达 100 kg 体重的日龄也进行同步校正。计算公式为：

平均日增重(g)＝(结束体重－入试体重)÷(测定期天数)×1 000

日增重校正公式如下(参照《中国养猪大成》之“第三篇猪的育种”，2001)：

校正日增重(g)＝(70×1 000)÷(达 100 kg 校正日龄－达 30 kg 校正日龄)。

式中达 30 kg 日龄的校正公式如下：

达 30 kg 日龄(d)＝实测入试日龄＋[(30 kg－实测入试体重)×B]

B 值分别为：杜洛克猪 1.536，长白猪 1.565，大白猪 1.550。

式中达 100 kg 日龄的校正公式如下：

校正日龄＝测定日龄－[(实测体重－100)/CF]

CF 计算公式如下：

CF=(实测体重÷测定日龄)×1.826 040(公猪)

CF=(实测体重÷测定日龄)×1.714 615(母猪)

例如:某杜洛克公猪入试体重 29.5 kg,入试日龄 70 d,结束体重 107.5 kg,结束日龄 170 d,根据日增重计算公式,该公猪测定期日增重为 780.0 g/d,计算的达 100 kg 体重校正日龄为 163.505 d,校正日增重 754.8 g/d。

6.21 日龄窝重

21 日龄时的全窝仔猪体重之和为 21 日龄窝重,包括寄养进来的仔猪在内,但寄出仔猪的体重不计在内。寄养必须在出生后 3 d 内完成,并注明寄养个体的来源及其时间等情况。称重应在清晨补料前进行。若称重日龄不是 21 d,则应根据实际窝重和称重日龄计算出 21 日龄校正窝重。校正公式如下:

21 日龄窝重(kg)=断奶窝重(kg)×校正因子

对应于各称重日龄的校正因子见表 3-2。

7.初生窝重

初生窝重指出生时全窝仔猪的总重量,不包括死胎和木乃伊。单位:kg。

8.饲料转化率

测定期间(30~100 kg)每单位增重所消耗的饲料量,计算公式为:

$$饲料转化率=\frac{饲料总消耗量}{总增重}\times 100\%$$

9.利用年限

利用年限一般指种猪开始使用到离开生产群的平均时间。单位:年。通常情况下,用于本交的公猪不超过 2 年,用于采精的公猪,一般在 1.5~3 年;母猪一般不超过 8 胎;由于种猪的利用年限不仅受饲养管理、个体健康状况和饲养环境条件等因素的制约,而且与世代间隔、血统或家系等因素有关。因此,在不同场、不同个体之间存在较大差异。

10.产仔间隔

产仔间隔指母猪前、后两胎产仔日期间隔的天数。间隔时间的长短表明母猪子宫完全恢复其激素和能量平衡并能再次怀孕的能力。当有流产发生时其产仔间隔不能用于遗传评定。单位:d。

11.产活仔数

产活仔数指出生时同窝存活的仔猪数,包括衰弱和即将死亡的仔猪在内,单位:头。

12.断奶头数

断奶头数指全窝同时断奶时存活仔猪数。单位:头。

13.初产日龄

初产日龄指母猪头胎产仔时的日龄。用于衡量个体性成熟的早迟,可直接

影响母猪的终生繁殖能力。

14. 胴体眼肌面积

求积仪法：取左侧胴体（以下需屠宰测定的都是指左侧胴体），在倒数第 3～4 肋间处垂直切断，取 2 张硫酸纸贴于两侧的眼肌横断面上，描绘出眼肌横断面的完整轮廓，然后用求积仪在硫酸纸上求出其眼肌面积。

简易公式法：取左侧胴体，在倒数第 3～4 肋间处垂直切断，用千分尺测量眼肌的最大宽度和最大高度，然后采用如下公式，粗略计算其眼肌面积。

眼肌面积（cm^2）＝眼肌最大宽度 cm×眼肌最大高度 cm×0.7

15. 胴体平均背膘厚

胴体平均背膘厚指左侧胴体背中线上，肩部最厚处、最后肋骨处、腰荐结合处三点不含皮的脂肪厚度的平均值。一般在倒挂的左边胴体上用千分尺（即游标卡尺）进行度量，单位：mm，保留 2 位小数。

16. 后腿比例

后腿比例指在屠宰测定时，将后肢向后成行状态下，沿腰椎与荐椎结合处的垂直切线切下的后腿重量占整个胴体重的比例，计算公式为：

$$后腿比例=\frac{后腿重量}{胴体重量}\times 100\%$$

17. 肌肉 pH

肌肉 pH 指在宰后 45～60 min 内测定。采用胴体 pH 计，将探头直接插入倒数第 3～4 肋间处的眼肌内，待显示值稳定 5 s 以上，记录其显示值即为该个体眼肌的 pH。

18. 肉色

（1）目测评分法。肉色是肌肉颜色的简称。在宰后 45～60 min 内测定，以倒数第 3～4 肋间处眼肌横切面用五分制目测对比法评定。

（2）色差计法。测定时间、部位与目测评分法相同。色差计经开机预热、自校和校准后，将切成 1～2 cm 厚的眼肌样品置于仪器的测量台上，按仪器说明书进行操作，记录仪器显示值 Lab。

注：Lab 色彩模型是由照度（L）和有关色彩的 a，b 三个要素组成。L 表示照度（Luminosity），相当于亮度，a 表示从洋红色至绿色的范围，b 表示从黄色至蓝色的范围。L 的值域由 0～100，$L=50$ 时，就相当于 50％的黑；a 和 b 的值域都是由＋127 至－128，其中＋127a 就是洋红色，渐渐过渡到－128a 的时候就变成绿色；同样原理，＋127b 是黄色，－128b 是蓝色。所有的颜色就以这 3 个值交互变化所组成。例如，一块色彩的 Lab 值是 $L=100$，$a=30$，$b=0$，这块色彩就是粉红色。

（3）反射值或白度值法。常采用专用仪器进行测定。测定时间、部位与目测

评分法相同。仪器经开机预热、自校和校准后，将切成 1～2 cm 厚的眼肌样品置于仪器的测量台上，按仪器说明书进行操作，记录仪器显示值。也可将仪器的测定头直接放置于待测的眼肌表面进行测定。

注：白度值 WI(white index)表示眼肌表面的白化程度。白度值与 Lab 值的关系可用计算式 $WI=100-[(100-L)^2+a^2+b^2]^{1/2}$ 来表述，式中：L 表示眼肌颜色鲜亮程度的变化；a 值表示眼肌颜色中红色程度的变化，a 值增大表示色泽向红色增强，a 值减少表示色泽向红色减弱。b 值表示眼肌颜色中黄色程度的变化，b 值增大表示色泽向黄色增强，b 值减少表示色泽向黄色减弱。

19. 滴水损失

宰后 45～60 min 内取样，切取左侧胴体倒数第 3～4 肋间处眼肌，将肉样切成 2 cm 厚的肉片，将肉片顺肌纤维方向修整为 2 cm×2 cm×2 cm 的待测样品，每个肉片制备 2 个待测样品，即一头猪制备 4 个待测样品。称重置于专用测定装置内，使肌纤维垂直向下，将专用测定装置放入试管架中置于冰箱内，在冰箱 2～4℃条件下静置 24 h 或 48 h 或 72 h 后取出，置于吸水纸或卷筒纸上轻轻吸去表面残水后称重，按下式计算结果：

$$\text{滴水损失(xxh)(\%)}=\frac{\text{吊挂前肉条重}-\text{吊挂后肉条重}}{\text{吊挂前肉条重}}\times100\%$$

20. 大理石纹

大理石纹(marbling)是指肌肉横断面上脂肪组织的分布情况。是生猪骨骼肌发育到一定的生理阶段，在肌束间形成的脂肪沉积，这种沉积顺肌束走向分布成树枝状，因其酷似大理石图案而得名。由于肌束间脂肪是随肌纤维纵轴向延伸的，故只能在与肌纤维走向呈 90°切面上看到的大理石纹，才是最清晰的。一般与肉色评分同步进行，评定部位、时间与肉色的目测评定法相同，以倒数第3～4 肋间处眼肌为代表，用五分制目测对比法评定。

若需要增加其他胴体和肉质指标，可以参照《瘦肉型猪胴体性状测定技术规范》(NY/T 825—2004)和《猪肌肉品质测定技术规范》(NY/T 821—2004)执行。

这里需要说明的是，胴体肌肉品质的评定，在绝大多数种猪场并不具备条件。因此，建议委托具有资质的检测单位检验。

五、测定品种与数量

测定品种以杜洛克猪、大约克夏猪和长白猪等为主。一般要求一个品种应测定含有 5 个以上公猪血统和 300 头以上的本品种育种核心母猪群。依据农业部发布的《遗传评估性状测定规程》，建议开展场内测定时，核心育种群至少应测定 1 公 2 母。测定猪应来自核心育种群内母猪所生产的一胎和二胎仔猪，一般

不超过三胎，四胎母猪的后代测定数量可减少。这里所说的1公2母是指结束测定时，同窝中仍然有1公2母。一般情况下，同一公猪与同一母猪配种的第三胎后代不需要再做性能测定或选择少许后代做性能测定。

若是委托测定，应委托有资质的相关机构进行集中测定，主要是公猪生产性能测定。因此，送测猪应来自多个相对独立血统公猪的后代，从每头公猪与配的母猪中随机抽取3窝，每窝选2头，5个血统，10头为一个测定单位，单个品种涵盖5个血统，至少应送测15头以上。

六、测定时间节律安排

集中测定：一般集中测定多安排在春季和秋季开展。如农业部种猪质量监督检验测试中心（武汉），每年的集中测定时间安排在6月中旬接收场家的送测猪，9月底结束测定，10月开展种猪拍卖展销；农业部种猪质量监督检验测试中心（广州）一般安排在2月和8月接收场家的送测猪，上半年和下半年各开展一次集中测定与拍卖展销。

场内测定：场内测定的时间节律可根据测定规模、生产节律等自行制定。一般来讲，大型种猪场需要开展常年测定，可以根据测定的数量分摊到每个月和每个周，然后决定每1周和每1月的测定计划量及时间安排。原则上，以不影响正常的生猪生产节律来安排种猪测定时间比较合适。

七、种猪性能测定技术规程

为了有计划、有步骤地开展种猪测定工作，规范种猪测定过程，有必要制定测定技术规程，以保障其能够达到预期的测定效果。

制定种猪性能测定技术规程应以国家现行标准如NY/T 822—2004《种猪生产性能测定规程》、GB 22283—2008《长白猪种猪》、GB 22284—2008《大约克夏猪种猪》、GB 22285—2008《杜洛克猪种猪》、NY/T 65—2004《猪饲养标准》、GB/T 5915—2008《仔猪、生长肥猪配合饲料》、NY/T 1029—2006《仔猪、生长肥育猪维生素预混合饲料》、NY/T 820—2004《种猪登记技术规范》、NY/T 825—2004《瘦肉型猪胴体性状测定技术规范》、NY/T 821—2004《猪肌肉品质测定技术规范》等为依据，结合本场的生产实际，在保障测定结果准确可靠的基础上，突出实用的原则，既要便于遗传评估，也要便于操作，符合实际，切实可行，最终达到预期的遗传改良效果。

(一)测定站测定技术规程

1. 目的

测定中心集中测定(或测定站测定)是把不同育种场核心群的被测种猪集中到中心测定站,在相对一致的环境条件下,按统一的测定规程进行测定。测定后,统一公布测定结果,并进行评等分级和良种登记。

测定站集中测定,主要目的是为了创造相对标准的、统一的、长期稳定的环境条件,使受测猪能充分发挥其遗传潜力,对其性能做出公正的评价。测定站测定结果可为育种场评价和改进场内测定及遗传评估方案,为养猪生产者选购种猪和育种工作者选择优良种猪资源提供可靠的依据和指导。测定后,遗传品质优良的种猪,可送人工授精站,或返回原核心群,或举行现场拍卖展销,多途径、多方式促进养猪业的发展。目前,我国的集中测定一般只实施公猪性能测定。

2. 进猪要求

(1)送测猪档案资料要求。

①每头送测猪需具有 3 代以上系谱记录。

②送测猪种猪场必须是近 3 个月内未发生猪瘟、五号病、布氏杆菌病、猪霉形体肺炎、猪密螺体痢疾、猪萎缩性鼻炎、猪伪狂犬病、猪蓝耳病、副猪嗜血杆菌病等,并由县级以上农牧部门的兽医防疫检疫机构签发证书。

③送测猪在送测前 10 d 内必须完成猪瘟、猪丹毒、猪肺疫、口蹄疫、伪狂犬病免疫注射。并具备种猪场兽医出具的健康检查合格证书。

④填写各测定中心制定的"送测猪场基本情况表"和"送测种猪基本情况表"。

(2)送测猪的要求。

①送测猪应来自 5 个以上相对独立血统的后代,个体编号清楚,品种特征明显,系谱上写明品种、出生日期、初生重、断奶日龄及断奶重等。

②送测猪必须健康、生长发育正常,无阴囊疝、脐疝、卧蹄、脊柱塌陷等外形损征和遗传疾患。同窝 45 日龄育成头数不得少于 9 头(杜洛克猪 7 头)。

③送测猪应从每头公猪与配的母猪中随机抽取 3 窝,每窝选择 2 头。6 头为一个测定单位。每个品种至少 6 头。

④送测猪应在 70 日龄以内,个体重 20～25 kg,个体间体重相差不应超过±2 kg。

(3)送测猪的疫病检测。场家预选的送测猪一般建议预留本场计划送测数量的 2 倍数量以上,以保证优选出足够数量的合格仔猪送测。送测前 15 d 应在本省疫病诊断中心进行送检,出具有效报告。送测猪要求免疫合格,蓝耳病要求不带抗原。种猪集中测定站(中心)在收到送测猪之后,隔离观察 2 周,期间进行第 2 次抽检,经兽医检查合格后进入预试。若发现有烈性传染病,种猪集中测定

站(中心)有权作无害化处理。

3. 测定站性能测定流程

预选→健康检验→送测→接收→隔离→预试→入试→测定期饲养管理→数据采集→结束测定→原始数据统计→结果计算→外形评定→遗传评估→结果公布→拍卖与暗标→结测猪处理。

(1)预试与正式测定。受测猪隔离期内检验、检疫合格后,按照同场送测猪并兼顾品种的原则合群并随机转入测定栏,重新戴上检测耳号卡,进入预试阶段,预试期一般3～5 d。预试阶段结束后,进入测定阶段。

正式测定于测定猪个体重达27～33 kg 时开始,至测定猪个体重达 85～115 kg时结束。测定方法按照有关国家和行业标准进行。安排专人负责猪群管理和疾病监测与防治,确保测定过程的安全性。

集中测定设备为电子识别自动饲喂测定系统。目前国内使用的主要是:①法国 ACEMO 公司推出的 ACEMA64 新一代猪自动化测试系统(图 5-1)。该系统可以准确记录自由采食情况下群养猪的个体采食量。ACEMA64 系统拥有 1～64 个饲喂站,每台 ACEMA64 饲喂站可以饲喂自由群居在同一圈里的 12～15 头处于 25～120 kg 体重的测定猪,这些猪都配有电子镭射系统(RFID)的电子识别环,其进食量会自动得到测量,料槽内的电子测量系统可使猪的进食量精确到±1 g。②FIRE 自动饲喂测定系统。FIRE 全自动种猪生产性能测定系统(Feed Intake Recording Equipment)是美国奥斯本工业公司生产的自动饲喂系统,也是利用 RFID 电子耳牌的识别技术进行个体识别和测定记录(图 5-2)。FIRE 测定系统中每个测定栏安装一台测定站,每个测定站可以饲养 12～15 头测定猪,测定猪站内带有个体称重秤,个体秤将记录该测定猪本次采食时的体重值,多次记录中取一个中间值作为该测定猪当天的体重,以此作为计算日增重和饲料报酬的数据基础。

图 5-1 ACEMO 自动喂料系统主机

(2)测定指标。包括个体的 30～100 kg 平均日增重(ADG),平均饲料转化率(FCR),达 100 kg 体重活体背膘厚(BF),测定结束时按有关标准进行校正后计算其性状综合指数(I)。每个品种单独排序。

(3)测定猪营养水平。测定猪的营养,应根据不同品种、不同生长阶段的营养需要确定相应的营养水平和饲料配方。制定具体的饲料配方和确定营养水平时,可参照 NY/T 65—2004《猪饲养标准》、美国 NRC 营养标准、英国 ARC 营养

标准。农业部种猪质量监督检验测试中心(武汉)测定猪群使用的营养水平是:前期料可消化能 13.59 MJ/kg(≥3 250 Mcal/kg),粗蛋白质 18.5%~19.2%,赖氨酸 1.05%,蛋氨酸+胱氨酸 0.64%,钙 0.87%~0.9%,磷 0.66%~0.7%;后期料可消化能 13.38 MJ/kg(≥3 200 Mcal/kg),粗蛋白质 17.5%~18.0%,赖氨酸 0.90%,蛋氨酸+胱氨酸 0.56%,钙 0.72%~0.75%,磷 0.60%~0.62%。

图 5-2 FIRE 自动饲喂测试系统

原料品质方面,玉米、豆粕和鱼粉等原料应无腐败变质、发霉、结块等现象;预混合料应新鲜、在保质有效期内使用。有条件的宜对原料、预混合料等抽样送检,以确保品质达到要求。场内加工应以颗粒料为主,避免添加成分如维生素类、保健药品或微生物制剂的破坏,成品抽样送检。

(4)数据记录。主要内容包括所有测定猪的送测档案数据资料、免疫数据资料、正式测定数据资料、估计育种值、综合选择指数、外形评分资料、拍卖和暗标等资料。资料记录要求真实、准确、全面、自动化、可溯源。

(5)外形评分。测定结束后,种猪测定站组织种猪测定委员会进行种猪外形评定,每个品种性能综合指数的前 10~15 名参加外形评定,按平均分进行排名。

(6)测定结果应用。测定结束后计算得出性状综合选择指数和专家外形评定结果,按照拍卖规则要求进行拍卖和暗标,出具种猪个体检验报告。拍卖与暗标猪的结果在相关媒体上(杂志、网站等)进行公布。集中测定站取得的测定数据报相关行业主管部门,并撰写工作总结。

4.测定猪的处理

送测种猪所有权归场家所有,在隔离期间和测定前期出现任何问题均按国家有关规定和场家与种猪测定站的约定处理。所有正常结束测定的种猪的处理按场家和种猪测定中心事先约定的规则执行。

(二)场内测定技术规程

场内测定又称现场测定(或农场测定),是依靠育种场自身的力量和条件,在

全国测定方案或中心测定站测定方案指导下，按统一规程进行测定，为场内猪群的遗传改良提供信息，其测定结果在场内进行遗传评估，同时报全国遗传评估中心和区域遗传评估中心进行遗传评估，并进行良种登记。场内测定一般进行公猪性能测定和后备母猪生长发育测定及母猪繁殖性能测定。公猪性能测定最好单栏饲养或采用自动饲喂测定系统，后备母猪生长发育测定应尽量在一致的环境条件下进行，母猪繁殖性能测定要记录同窝仔猪的遗传缺陷。

1.基本要求

(1)测定对象。参与全国生猪遗传改良计划的各种猪场，进行种猪遗传评估的种公猪、种母猪和繁殖群公猪、母猪、后备种猪都应按本规程细则进行性能测定。其他国家级、省级等重点种猪场，可参照本规程执行。有条件的育种场可通过自动计料系统准确记录测定期耗料，并计算测定期饲料转化率。

(2)测定条件。

①测定单位应具备相应的测定设施设备和用具，仪器设备的精准度要达到相应要求。有专门的育种技术队伍，指定经过省级以上主管部门培训并达到合格条件的技术人员专门负责测定和数据记录。

②测定猪的营养水平和饲料种类应相对稳定，并注意饲料原料品质、加工条件和卫生条件。

③同一猪场内测定栏舍条件、运动场、光照、饮水和卫生等管理条件应基本一致，并符合相关标准的规定。测定舍在进猪前1周应进行彻底清洗与消毒，保证圈舍干净卫生。

④测定猪应由技术熟练的工人饲养，并有具备基本育种知识和饲养管理经验的技术人员进行现场指导。饲养员和测定技术员应保持相对稳定。

(3)档案资料记录要求。测定单位要严格按照有关规程、标准的要求，建立严格的场内测定制度和完整的记录资料档案。

(4)生产性能测定猪个体要求。

①测定猪的个体号(ID)和父、母亲个体号必须正确无误。受测猪品种特征明显，来源清楚，有个体识别标志，出生日期、断奶日期等记录完整，并附有三代以上系谱记录。

②开展场内测定的种猪场，必须在最近两年内未发生过急性传染性疾病。受测猪必须健康、生长发育正常、无外形缺陷和遗传疾患，肢蹄结实。受测猪在测定1周之前完成常规免疫注射和体内外驱虫。开展繁殖性能测定的种猪本身应发育正常，本身或公猪后代无遗传缺陷个体，发情、配种、受胎正常。若是做屠宰测定，受测公猪应在生后20 d左右进行阉割，然后肥育到体重100 kg时进行屠宰测定。

③受测猪应选择70日龄或25 kg左右的个体，出生或产仔日期应尽量接

近。受测猪在进入测定舍前，应接受负责测定工作的专职人员的检查。

2. 繁殖性状的测定

繁殖性状主要是对分娩的母猪进行数据登记，包括分娩时间、胎次、总产仔数、产活仔数、死胎、木乃伊、初生重等，同时要登记出生仔猪的个体号。

(1)总产仔数(total number born，TNB)测定。在记录窝总产仔数的同时，要记录母猪胎次。场内大群总产仔数的计算，一般分头胎、二胎、三胎及三胎以上进行统计，用平均数表示，一般保留一位小数，如 10.3 头/窝。

(2)产活仔数(number of born alive，NBA)测定。产活仔数记录应按胎次、窝进行，群体值的计算一般分头胎、二胎、三胎及三胎以上进行统计，用平均数表示，一般保留一位小数，如 9.8 头/窝。

(3)21 日龄窝重(litter weight at 21 days)测定。21 日龄窝重通常是用断奶窝重进行校正计算，群体则可用平均数表述，一般保留一位小数，如 63.6 kg/窝。

(4)产仔间隔(farrowing interval)测定。计算母猪的产仔间隔，要注明胎次。计算某头母猪的平均产仔间隔，可用多个产仔间隔的平均值表示，一般保留一位小数，如 120.6 d。

(5)初产日龄(age at first parity)测定。个体初产日龄的单位为天(d)，需注明品种。群体初产日龄可用平均值表示，一般保留一位小数，如 354.7 d。

(6)初生重(weight at birth)测定。于出生后 12 h 内进行称重，一般只称量出生时存活仔猪的个体体重。其表述方式有初生个体重和初生窝重两种，单位为 kg/头或 kg/窝，保留一位小数，如 1.5 kg/头或 16.2 kg/窝。全窝存活仔猪体重之和为初生窝重。

(7)断奶仔猪数(number of weaning)测定。断奶仔猪数包括寄养进来的仔猪在内，但不包括寄养出去的仔猪，并注明寄养头数。群体断奶仔猪数用平均值表述，一般保留一位小数，如 11.2 头。

3. 生长性能测定流程

生长性能测定流程包括：测定猪群预选→健康检验→预试→入试→测定期的日常饲养管理、饲料品质与日粮营养控制、疾病防治、耗料记录或设备维护以及环境温湿度调控等→达目标体重时称量个体重、测定背膘厚、眼肌高度或眼肌面积后结束测定→原始数据统计→测定结果计算与评定→外形评定→全部测定资料归档保存→以综合指数或育种值为主，结合外形评定进行选种→按照育种方案以及血统或家系进行选配。

(1)测定猪群预选。在场内适宜测定猪群中按 120%的比例确定拟测定的猪群。

(2)健康检验。以确定的拟测定猪群为健康检验对象，按照 15%～30%抽血送有资质的第三方进行委托检验，以确认猪群的健康程度。

(3)预试。性能测定猪应于60日龄左右转入测定舍，进入正式测定前应进行7～10 d的预试，饲喂测定前期料，以适应测定期饲料与环境条件。并观察测定猪健康状况，若有发病应立即治疗，经多次治疗无效，应予以淘汰；若发生传染性疾病，应按有关卫生防疫条例处理。

(4)入试前的称重。待测猪体重达27～33 kg时，用电子笼秤(精确到0.2 kg)逐头称量个体重，客观真实地记录个体重后入试。测定猪群的系谱等档案资料随测定猪群转交给专职测定技术员保存。

单体秤的称量范围不宜过大，选择称量范围为200.0 kg的电子秤比较好。若场内不计算测定期日增重，只测定达100 kg体重日龄，进而计算全期平均日增重，则入试前可以不称入试个体重。

(5)测定猪的饲养管理。测定栏舍应配备环境温湿度调控设施，以保障测定舍环境条件的相对一致。测定猪群宜采用小群饲养，一般6～8头/栏；有条件的种猪场可采用自动饲喂测定设备(10～15头/栏)，自由采食，自由饮水。测定期间的日常饲养管理，应特别重视、并认真做好一些细小环节的日常工作，如饲料原料的品质与加工方式、日粮配方与营养水平、栏舍卫生、温湿度调控、猪群健康与疾病防治、设备管理与维护以及相关记录材料等，因为，细节往往是决定测定数据结果是否准确可靠的核心和关键。

(6)结束测定时的称重。当测定猪体重达85～115 kg时应及时结束测定。一般是前一天晚上开始空腹，次日早晨空腹进行个体称重。采用单体电子秤(精确到0.2 kg)进行称量，专人负责。单体秤的称量范围宜选择200 kg的单体电子秤比较好。

(7)活体超声测定背膘厚。在称量结束体重时，同时测定活体背膘厚。采用B型超声波测定仪(如ALOKA 500等)测定倒数第3～4肋间距背中线5 cm处的背膘厚(NY/T 822—2004)，单位：mm。测定背膘时，应在猪只自然站立的状态下进行，要求背腰平直，在测定点涂上超声耦合剂，将探头与背中线平行，置于测定位点处，用力均匀且松紧适度，并注意观察显示屏上超声影像的变化。当显示屏上显示的影像能清晰地区分背膘和眼肌、且能看清楚肋骨数时，即可冻结图像，然后，按照设备使用说明书的操作程序，使用测量标记如"+"或"×"进行背膘和眼肌高度的测量，记录测量结果后，在设备配套的电脑中保存测定结果(图5-3)。

图5-3　活体背膘检测

(8)测定猪营养水平。参照集中测

定技术规程中测定猪营养水平执行。

4.数据记录与提交

将测定所得到体重、背膘厚、产仔数等性状测定成绩以及个体系谱、测定人员、日期、设备型号等资料记录到纸质表格。然后将数据输入遗传评估软件系统，进行相关统计分析和育种值计算。纸质表格等原始资料要妥善保存。

场内测定的原始数据在录入计算机后，利用软件的数据导出工具，每周导出种猪测定数据，按国家种猪遗传评估中心和区域种猪遗传评估中心的相关数据上传要求，按时将数据上传和提交到区域种猪遗传评估中心和国家种猪遗传评估中心。

(三)体尺测定与外貌评定

1.体尺测定

猪的体尺测量，可在测定结束和成年期(24月龄)进行。测定时，首先校正测量工具，熟悉测杖、圆形测定器等的使用方法。选择平坦、干净的场地，适当保定种猪后进行测定。测定指标一般包括：

体长：自枕寰关节(即两耳根连线的中点)沿背线至尾根的长度。至尾根的距离，用软尺沿背线紧贴体表量取，单位：cm。

胸围：沿肩胛后缘绕胸一周的周径，用软尺紧贴体表量取，单位：cm。

体高：自髻甲最高点至地面的垂直距离，用测杖量取，单位：cm。

胸宽：肩胛骨后缘处胸部左右两侧的直线距离，用测杖测量。

胸深：用测杖在肩胛骨后缘绕胸圆周线上测量从髻甲到胸骨的垂直距离。

腹围：用软尺在腹部最大的地方紧贴皮肤绕腹部1周的长度。

腿臀围：自左侧膝关节前缘经肛门绕至右侧膝关节的距离，用软尺紧贴体表量取。

管围：左前肢管部最细处的周经，用软尺紧贴体表量取。

2.外形评定

猪的外形指猪的外在形态和外貌特征，包括外貌、体型、体质、肢蹄等肉眼能观察到的外部特征特性。外貌指猪的外在特征，主要指头颈、皮毛及肢蹄等部位的特征特性，如耳型、头型、毛色等，一般应结合品种(系)的外貌特征进行。体质是反映猪机体各组成部分(组织、器官)间相互关系和整个机体结构与机能协调的整体素质。猪的外形评定就是根据品种特征和育种要求，对后备个体各部位进行评定的过程。种猪外形评定，能综合反映种猪的生长发育、体质结构特征和健康状况等外在表现，是现场测定的重要组成部分，也是种猪选育和留种的重要环节。

(1)评定内容。外貌评定时，人与被评定个体间保持一定距离，一般以3倍于猪体长的距离为宜。从猪的正面、侧面和后面，进行一系列的观测和评定，再

根据观测所得到的总体印象进行综合分析并评定优劣。

外形评定首先要求被评定个体符合品种特征。评定中可参考 GB 22283—2008《长白猪种猪》、GB 22284—2008《大约克夏猪种猪》、GB 22285—2008《杜洛克猪种猪》等标准。

实际评定中，一般把猪分为几个部分来观察，然后再进行整体评定，同时考虑第二性征的发育和遗传缺陷等内容，分项评分。其中，遗传缺陷具有一票否决权。各部分的一般要求是：

①头颈部：上下腭、唇吻合良好，鼻面部无变形；无泪斑；颈肩结合良好，无明显肥腮。

②前躯：肩胛平宽，胸宽深，肌肉丰满；鬐甲与颈、胸、背部结合良好，无凹陷或鬐甲高于颈背部现象。

③中躯：背腰平直，宽深而长，肌肉丰满；腹线平直，胸腹侧无皱褶，有效乳头数 12 个以上排列均匀；公猪包皮无严重积尿。

④后躯：腿臀发育良好，肌肉丰满结实；荐尾部结合良好，尾根较高；睾丸发育良好，对称，大小适中，阴囊有弹性不下垂；母猪外阴发育良好，不上翘。

⑤肢蹄结实度：关节发育正常，无变形；前后肢与前后躯各部位结合紧凑；站立时，前肢轴线与地面垂直，后肢不前倾，跗关节不内靠、外翻；前后腿和系部粗壮结实，有弹性；趾蹄结实、对称、大小一致，无蹄裂。运动时起卧快捷自然，四肢动作灵活协调，无扭动、跛行等异常现象。

⑥体质与体型结构：背线平直或微弓，各区发育均衡适度，结合良好；体质结实、紧凑，皮毛光亮，膘情适中，反应敏捷，符合种用体况。公猪有雄性表现，精力旺盛；母猪性情温顺，精神状态良好。起卧自然、快捷，运动协调、灵活。

(2)评定方法。不同育种场，制定了不同的评定方法。这里推荐一种百分制评分方法。

把以上评定内容分为 6 项($P1$～$P6$)，每项评定内容满分为 5 分，最低为 1 分，根据每项内容实际情况打分，然后根据每项内容重要性进行加权，得到如下公式：

$$P=2\times(P1+P2)+3\times P3+4\times(P4+P6)+5\times P5$$

式中，P，外形评定总分；$P1$，头颈部评分；$P2$，前躯评分；$P3$，中躯评分；$P4$，后躯评分；$P5$，肢蹄结实度评分；$P6$，体质与体型结构评分。

各场在实际育种中，可根据育种目标和方向不同，确定适合自己的外形评定方法。

第六章 数据管理

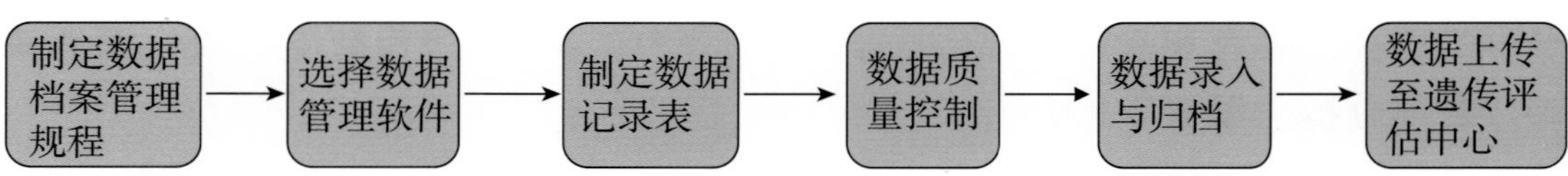

数据管理包括对数据的采集、录入计算机数据管理系统、归档和上传至全国种猪遗传评估中心。

一、数据的采集

数据采集是指对所需信息的现场记录。通常有2种记录方式，一是手工记录，即用笔和纸进行记录，二是自动记录，即通过电子设备进行自动记录（如自动饲喂记录系统），目前手工记录仍是数据采集的主要方式，在手工记录过程中应注意做到以下几点：

（1）现场操作人员应有明确分工，有专人负责记录。

（2）采用事先准备好的特定的记录表格进行现场记录，附件2中给出了各类记录表格的参考样表，各场可根据本场的具体情况在此基础上进行修改。

（3）记录应工整清晰。

（4）对有疑问的数据应及时核对，确保数据准确无误。

二、计算机数据管理系统

种猪场必须配备计算机和育种数据管理软件系统，目前国内普遍使用的育种数据管理系统有由中国农业大学和南京丰顿信息咨询有限公司开发的“种猪场管理与育种分析系统（GBS）”、北京佑格科技发展有限公司生产的“GPS猪场生产管理信息系统”、美国S&S Programming，Inc.开发的Herdsman等，这些软件都具有较完整的种猪数据管理分析功能，可进行种猪相关数据的录入、编辑、查询、统计分析、遗传评估等工作。种猪场可根据自身的需要选择使用。

现场采集记录的数据应于当天输入数据管理系统。

三、记录归档与保存

现场记录在输入计算机数据管理系统后应按类别和时间顺序进行归档，并妥善保存，以备以后必要时的查询。

四、数据上传

离线登记的种猪数据和性能测定数据(包括生长性能测定数据和繁殖记录)应及时上传到全国种猪遗传评估中心，原则上每周上传一次，将本周发生的数据上传。上传时，先进入全国种猪遗传评估信息网并用相应的用户名和密码进行用户登录，离线登记的种猪数据可在"种猪登记"模块下的"离线登记猪只上传"中上传，性能测定数据可在"性能测定"模块下的"测定信息数据上传"中上传。上传时可根据本地计算机所使用的数据管理系统选择相应的上传方式。

—GBS 用户：选择 GBS 数据上传。先利用 GBS 数据导出工具(可从全国种猪遗传评估信息网下载)将 GBS 中要上传的数据导出，种猪登记数据、生长性能测定和繁殖性能测定数据分别生成相应的数据包(*. arj 类型文件)，然后上传。

—GPS 用户：选择 XML 数据上传或模板数据上传，先利用 GPS 中自带的数据导出功能将数据导出，可选择导出为 XML 文件或 EXCEL 文件，然后上传。

—其他系统：选择模板数据上传，猪只登记数据、生长性能测定和繁殖性能测定数据分别有各自的模板(EXCEL 文件，可从全国种猪遗传评估信息网下载)，按照模板中的格式要求，将相应的数据制成 EXCEL 文件，然后上传。

特别需要注意的是，没有进行过种猪登记的猪只，其性能测定数据不能进入中心数据库，所以要先上传种猪登记数据，再上传性能测定数据。

在数据提交后，全国种猪遗传评估信息网管理员将对提交的数据进行审核，如果文件有问题，不能成功导入全国种猪遗传评估中心数据库，管理员将通过 E-mail 或电话通知用户。用户在提交数据后的第 2 天或第 3 天，可查询上传结果，(在"种猪登记"或"性能测定"模块中点击"上传信息查询")确认上传是否顺利完成，如果数据中有错误，系统将给出提示，用户可查看具体是什么错误。

五、性能测定数据标准

对于性能测定数据，全国种猪遗传评估中心规定了合理数据范围(表 6-1 和表 6-2)。

表 6-1　种猪生长性能测定数据项目与范围

项目	范围/说明	备注
种猪 ID	15 位编号(见“种猪登记”)	必填
始测日期	始测日龄:30～100 d	
始测体重	15～65 kg	
结测日期	结测日龄:100～250 d	必填
结测体重	60～150 kg	必填
结测耗料	97.5～420 kg	
平均背膘厚	5～30 mm	必填
眼肌厚	20～100 mm	
眼肌面积	20～100 cm^2	
测定场编号	种猪场编码＋分场编号(见第四章“种猪登记”)	必填

表 6-2　繁殖记录项目与范围

名称	说明/范围	备注
种猪 ID	15 位编号	必填
胎次	1～10 胎	必填
产仔日期	妊娠天数 100～130 d	必填
总仔数	1～30 个	必填
活仔数	0～30 个	必填
公仔数	1～30 个	
母仔数	1～30 个	
畸形数	0～30 个	
木乃伊	0～30 个	
死胎数	0～30 个	
弱仔数	0～30 个	
健仔数	0～30 个	
死仔数	0～30 个	
出生窝重	0～75 kg	必填
本胎次首次配种日期		必填
配妊次数	1～10 次	必填
配妊日期		必填
与配公猪 ID		必填
分娩场编号	种猪场编码＋分场编号	必填
断奶日期	断奶日龄:7～40 d	必填
断奶窝仔数	0～30 个	必填
断奶窝重	3～375 kg	必填

六、常见的数据错误

1. 种猪登记数据常见数据

①种猪个体号不符合规则，如不足 15 位、品种代码错误。

②记录中缺必填项目，如缺父亲（母亲）、缺出生场。

③数据不在合理范围，如出生重过大或过小。

④日期错误，如入场日期大于当前日期。

2. 生长测定数据常见错误

①缺种猪登记（该猪只未事先进行登记）。

②缺必填项目，如缺结测日期，缺测定场等。

③数据不在合理范围，如结测日龄超出正常范围。

④日期错误，如结测日期大于当前日期。

⑤同一个体有 2 条或 2 条以上测定记录。

3. 繁殖记录常见错误

①缺种猪登记（该猪只未事先进行登记）。

②缺必填项目，如配种日期、断奶日期。

③数据不在合理范围，如妊娠天数超出范围。

④日期错误，如分泌日期大于当前日期。

⑤数据重复，如同一母猪同一胎次出现多条分娩记录。

第七章　遗传评估

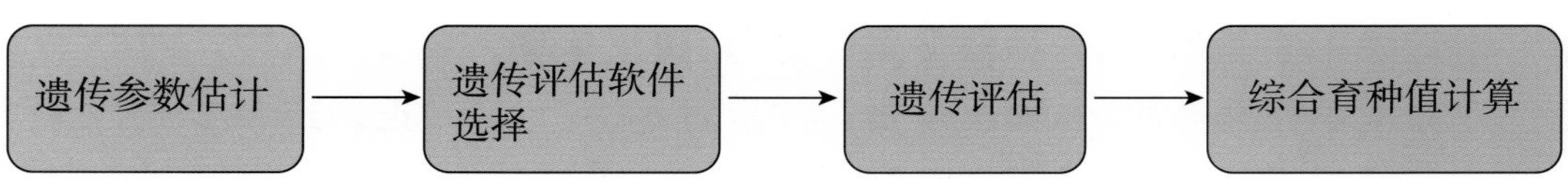

猪的大部分重要经济性状(如日增重、瘦肉率、饲料利用率、产仔数等)都是数量性状,数量性状的表现受个体的遗传组成和个体所处的环境的共同影响,遗传组成是指个体所携带的基因,一个数量性状通常要受到多个基因的影响,基因的作用可以产生三种不同的效应:育种值(加性效应)、显性效应和上位效应。育种值即各个基因的作用的累加之和,显性效应和上位效应是基因的特定组合所产生的互作效应。虽然显性和上位效应也是基因作用的结果,但在遗传给下一代时,由于基因的分离和重组,它们是不能稳定地遗传给下一代的,在育种过程中不能被固定,难以实现育种改良的目的。只有育种值才是能够真实地遗传给下一代的,也是可以通过选择稳定改进的,所以育种值的高低是反映个体遗传优劣的关键指标。但是育种值是不能够直接度量的,能够度量的只是由包含育种值在内的各种遗传效应和环境效应共同作用得到的表型值(即性状的测定值),表型值的高低并不代表育种值的高低,但如果我们有足够多的信息,就可以根据表型值用特定的统计学方法对个体育种值进行准确估计,由此得到的估计值称为估计育种值(estimated breeding value,EBV)。在此基础上,对每一个体做出科学的遗传评估,以保证尽可能准确地将遗传上优良的个体选择出来作为种猪。

一、育种值估计的基本原则

为了获得最可靠的个体遗传评估结果,在进行育种值估计时应掌握以下原则:

1. 尽可能地消除环境因素的影响

由于个体的数量性状表型值不可避免地要受到环境因素的影响,因此,要准确地估计出个体的育种值,首先必须尽可能地消除环境因素的影响。这通常可从两个方面考虑,第一,对环境加以控制,尽可能地保持个体间的环境一致性,在育种实践中,通过建立特定的测定站(跨场的中心测定站或场内的测定站),将要参加评估的个体集中在测定站进行相关的生产性能测定(称为中心测定或测定站测定),获得个体表型值,在此过程中,尽可能控制环境使得个体间的环境相对一致，这样个体间在表型值上的差异就主要源于它们在遗传上的差异。这种方法能在很大程度上有效地消除环境因素的影响，但由于建立测定站、控制环境条件往往需要较高的成本，因而测定的规模有限，很难用于大规模的个体遗传评定。再者，将来自不同场的个体集中在一起容易导致疫病的相互传播，这也限制了这种方法大规模的应用。第二，允许个体间存在一定程度的环境差异，各个个体仍然可在其原来所在的场或圈舍中进行性能测定（称为场内测定或现场测定），然后用适当的统计学方法对个体间的环境差异进行校正。这种校正虽然难免存在一定的误差，但性能测定的成本很低，测定规模几乎不受限制，适合于大规模的遗传评定，而且也不存在传播疫病的风险。

2. 尽可能地利用各种可利用的信息

在对任何一个个体进行育种值估计时，除了该个体本身的表型值可提供其育种值的信息外，所有与之有亲缘关系的亲属的表型值也能提供部分信息，因为它们携带了一部分与该个体相同的基因。归纳起来，有 3 类亲属（图 7-1），一是祖先，包括父、母、（外）祖父、（外）祖母、叔叔、婶婶等，二是同胞，包括全同胞、半同胞、表（堂）兄妹等，三是后裔，包括儿女、侄子（女）、孙子（女）等。能利用的信息越多，育种值估计的准确性就越高，与被估个体的亲缘关系越近的亲属，其所提供的信息就越有价值。

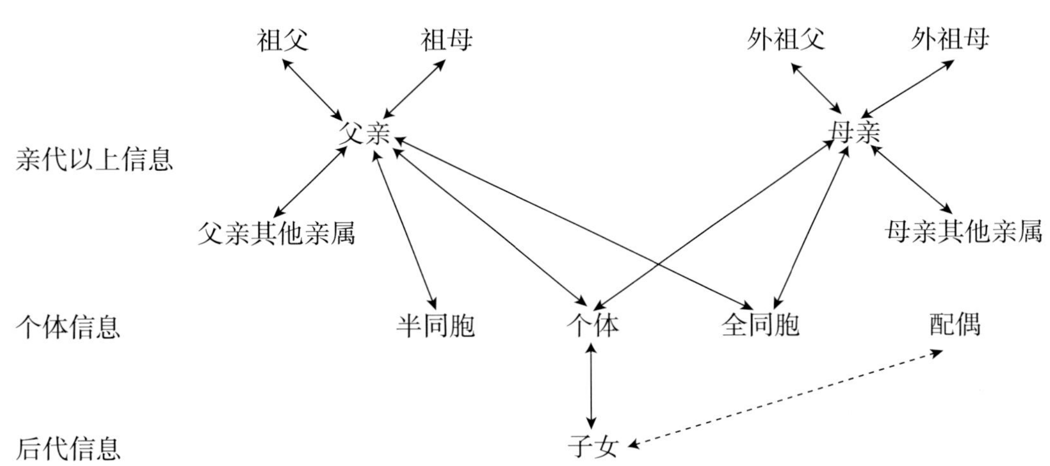

图 7-1　估计育种值常用的各种信息关系示意图

3. 采用科学的育种值估计方法

对于现有的可利用的信息，需要采用一定的统计学方法，利用这些信息对个体的育种值进行估计。我们的目的是要使估计的育种值尽可能地接近真实的育种值，这除了取决于可利用信息的数量和质量外，还与所采用的估计方法有关。所采用的方法应该能够：①充分合理地利用所有可利用的信息，②有效地校正各种环境因素的影响，③使估计值与真值之间的相关达到最大。因而育种值估计

方法一直是动物育种学家研究的主要内容之一，育种值估计方法也处于不断地发展变化之中。

二、育种值估计方法

传统的育种值估计方法主要是选择指数法，但这一方法的一些假定在实际育种资料中很难满足，因而在实际应用中受到很多限制。20 世纪 50 年代初美国学者 C. R. Handerson 提出最佳线性无偏预测(BLUP)法，它克服了选择指数法的不足，自 20 世纪 70 年代中期逐渐被应用于家畜育种中。目前，BLUP 法已成为世界各国种猪个体育种值估计的通用方法。最佳线性无偏预测是统计学的概念，预测指的是对随机效应的估计，在这里指的就是对育种值的估计，线性是指对育种值的估计是基于一个线性模型，即估计值是表型值的线性函数，无偏是指估计的育种值的期望等于真实育种值的期望，最佳是指估计值的误差方差最小。也就是说，用 BLUP 方法得到的估计育种值具有最佳、线性、无偏的性质。BLUP 方法的原理涉及较复杂的统计学和矩阵代数知识，而且计算也十分复杂，需要用专门的计算软件才能完成，在这里不作详细的介绍。由于 BLUP 方法的基础是线性模型，而模型是要针对具体的实际情况去设计的，对于 BLUP 方法的应用者来说，最主要的是要根据自己的实际情况设计出合适的模型，准备可靠的数据，然后利用专门的计算软件获得育种值的估计值。因此，下面先对 BLUP 方法的模型作详细介绍，然后对 BLUP 方法作一简要概述。

(一)育种值估计模型

1. 线性模型的基本概念

在统计学中，模型是指描述观察值与影响观察值变异性的各因子之间的关系的数学表达式，在影响观察值变异性的各因子中，有些是固定因子，有些是随机因子。线性模型是指观察值与影响观察值变异性的各因子效应之间的关系是线性的，它可一般地表示为

观察值＝固定效应＋随机效应＋剩余效应

其中剩余效应(也常称为残差效应或随机误差)是除了已列出的效应之外的所有其他影响观察值的因素的综合。其中的固定效应和随机效应可以是一个或多个，且在固定效应和随机效应中还可包含互作效应。对于一个具体的统计分析，除剩余效应外，模型中不一定会同时含有固定效应和随机效应，当模型中仅含有其中的随机效应时，称之为随机效应模型，简称随机模型；反之，若模型中仅含固定效应时，则称之为固定效应模型，简称固定模型；若同时含有固定效应和随机效应，则称为混合效应模型，简称混合模型。

用于育种值估计的模型除了具有以上的统计学意义外，还具有遗传学意义。任何数量性状都受遗传和环境的共同影响，因而育种值估计模型也是描述表型值与影响表型值变异性的遗传和环境因素之间的关系的数学表达式，可一般地表示为：

表型值＝环境效应＋遗传效应(＋互作效应)＋剩余效应

其中的表型值即对数量性状的观测值，在遗传效应和环境效应中，有些是固定效应，有些是随机效应，互作效应指的是遗传与环境的互作，它可能存在，也可能不存在，剩余效应的含义同前，即它是所有未列出的遗传和环境效应的综合。

模型中的遗传效应一般就是指动物个体的育种值，即基因的加性效应值，它是一个随机效应。虽然基因的显性和上位效应也是遗传效应，但一般认为它们对多数数量性状影响不大，而如果在模型中包含显性和上位效应，计算的难度将大大增加，因此在实际的遗传评估中，很少考虑它们，也就是说，通常将它们(如果存在)并入了剩余效应中。

2.模型中的遗传和环境效应

在进行育种值估计时，需要将以上模型根据所分析的性状和实际的环境条件和数据资料的结构加以具体化，也就是要给出模型中的遗传效应和环境效应具体是哪些，同时要明确哪些效应是固定效应，哪些是随机效应。遗传评估的可靠性在很大程度上取决于模型设计的好坏。模型中的遗传效应一般就是指动物个体的育种值，即基因的加性效应值，它是一个随机效应。虽然基因的显性和上位效应也是遗传效应，但一般认为它们对多数数量性状影响不大，而如果在模型中包含显性和上位效应，计算的难度将大大增加，因此在实际的遗传评估中，很少考虑它们，也就是说，通常将它们(如果存在)并入了剩余效应中。影响数量性状的环境因素很多，对于猪的主要生产性能来说，主要的环境因素有猪场(群)、年度、季节、性别、饲喂方式、胎次、管理组、屠宰日期、屠宰场、配种方式、产仔间隔、体重、产仔年龄、窝产仔数、永久环境效应、窝效应等。在实际应用中，我们不可能将所有可能影响性状的环境效应都包含在模型中，要根据所要分析的性状和数据结构选择适当的主要的环境效应放在模型中。对某些环境因素可以提前进行校正。

3.我国种猪遗传评估方案建议的遗传评估模型

在我国种猪遗传评估方案中，建议的对主要性状的遗传评估模型如下

达 100 kg 体重日龄和 100 kg 体重活体背膘厚(两性状模型)：

日龄(背膘厚)＝场-年-季节-性别效应＋窝效应＋育种值＋剩余效应

式中，场-年-季节-性别效应为进行测定(称重、测膘)时，个体所在的场、年度和季节以及动物个体性别的组合固定环境效应；窝效应为个体出生时所在的窝的随机环境效应，同父、同母及同一胎次出生的猪为一窝；个体育种值：猪只个体的育

种值。

30～100 kg 日增重、饲料利用率等性状的育种值估计可以参照该模型进行。

窝总产仔数：

产仔数＝场-年-季效应＋窝效应＋育种值＋永久环境效应＋剩余效应

式中，场-年-季效应为母猪产仔时所在场、年度和季节的组合固定环境效应；窝效应为母猪出生所在窝的随机环境效应；育种值为猪只个体的育种值；永久环境效应为对母猪各胎次产仔都产生影响的随机环境效应。

产活仔数及其他繁殖性状的育种值估计可以参照该模型进行。

(二)BLUP 方法概述

1. BLUP 方法的一般形式

上述的育种值估计的模型可一般地表示为如下的数学表达式：

$$\boldsymbol{y}=\boldsymbol{Xb}+\boldsymbol{Zu}+\boldsymbol{e}$$

式中，$\boldsymbol{y}$ 为所有个体的观察值向量，$\boldsymbol{b}$ 为所有固定效应的向量，$\boldsymbol{u}$ 为所有随机效应的向量，$\boldsymbol{e}$ 为所有剩余效应的向量，$\boldsymbol{X}$ 和 $\boldsymbol{Z}$ 分别为 $\boldsymbol{b}$ 和 $\boldsymbol{u}$ 的关联矩阵，它们指示了每一观测值分别受哪些固定效应和随机效应的影响。

对于以上模型中的随机效应，通常假设

$$E(\boldsymbol{u})=\boldsymbol{0},E(\boldsymbol{e})=\boldsymbol{0}$$

$$Var(\boldsymbol{u})=G,Var(\boldsymbol{e})=\boldsymbol{R},Cov(\boldsymbol{u},\boldsymbol{e}')=\boldsymbol{0}$$

$E()$表示随机效应的期望，$Var()$表示随机效应的方差-协方差矩阵，$Cov()$表示不同随机效应之间的协方差矩阵。

基于这个模型，$\boldsymbol{b}$ 和 $\boldsymbol{u}$ 的最佳线性无偏估计（预测）可通过对以下方程组（称为混合模型方程组）求解得到：

$$\begin{bmatrix}\boldsymbol{X'R^{-1}X} & \boldsymbol{X'R^{-1}Z} \\ \boldsymbol{Z'R^{-1}X} & \boldsymbol{Z'R^{-1}Z+G^{-1}}\end{bmatrix}\begin{bmatrix}\hat{\boldsymbol{b}} \\ \hat{\boldsymbol{u}}\end{bmatrix}=\begin{bmatrix}\boldsymbol{X'R^{-1}y} \\ \boldsymbol{Z'R^{-1}y}\end{bmatrix}$$

2. 动物模型 BLUP

以上模型和方程组是一种通用的表达式，在实际应用时，要根据实际情况加以具体化和特异化。目前在世界各国的猪遗传评估中，所采用的育种值估计方法称为动物模型 BLUP，其含义是，在用 BLUP 方法估计育种值时所用的线性模型是动物模型，动物模型是指模型中的随机遗传效应为个体的育种值。上面介绍的我国种猪遗传评估方案建议的遗传评估模型都是动物模型。对于达 100 kg 体重日龄模型，可将其表示为

$$\boldsymbol{y}=\boldsymbol{Xb}+\boldsymbol{Z_1w}+\boldsymbol{Z_2a}+\boldsymbol{e}$$

式中，$\boldsymbol{y}$ 为所有个体达 100 kg 体重日龄的观测值的向量，$\boldsymbol{b}$ 为所有场-年-季节-性别效应的相量，$\boldsymbol{w}$ 为所有窝效应的相量，$\boldsymbol{a}$ 为所有个体育种值的向量，注意在 $\boldsymbol{a}$ 中

可以包含没有性状观测值的个体。$\boldsymbol{Z}_1$ 和 $\boldsymbol{Z}_2$ 分别为 $\boldsymbol{w}$ 和 $\boldsymbol{a}$ 的关联矩阵。注意如果定义 $\boldsymbol{Z}=(\boldsymbol{Z}_1 \quad \boldsymbol{Z}_2)$，$\boldsymbol{u}=\begin{bmatrix}\boldsymbol{w}\\ \boldsymbol{a}\end{bmatrix}$，则此模型就与上面的通用模型有相同的形式。

对此模型，可以假设

$$Var(\boldsymbol{w})=\boldsymbol{I}\sigma_{\mathrm{w}}^2, Var(\boldsymbol{a})=\boldsymbol{A}\sigma_{\mathrm{a}}^2, Var(\boldsymbol{e})=\boldsymbol{I}\sigma_{\mathrm{e}}^2, Cov(\boldsymbol{w},\boldsymbol{a}')=\boldsymbol{0}$$

式中，σ_w^2，σ_w^2 和 σ_w^2 分别为窝效应方差、性状的加性遗传方差和剩余效应方差，$\boldsymbol{I}$ 为单位矩阵，$\boldsymbol{A}$ 为所有个体间的加性遗传相关矩阵。

据此，上述通用模型中的 $\boldsymbol{G}$ 和 $\boldsymbol{R}$ 可写为

$$\boldsymbol{G}=Var(\boldsymbol{u})=Var\begin{bmatrix}\boldsymbol{w}\\ \boldsymbol{a}\end{bmatrix}=\begin{bmatrix}\boldsymbol{I}\sigma_{\mathrm{w}}^2 & 0\\ 0 & \boldsymbol{A}\sigma_{\mathrm{a}}^2\end{bmatrix}, \boldsymbol{R}=Var(\boldsymbol{e})=\boldsymbol{I}\sigma_{\mathrm{e}}^2$$

上述的混合模型方程组也可改写为

$$\begin{bmatrix}\boldsymbol{X}'\boldsymbol{X} & \boldsymbol{X}'\boldsymbol{Z}_1 & \boldsymbol{X}'\boldsymbol{Z}_2\\ \boldsymbol{Z}'_1\boldsymbol{X} & \boldsymbol{Z}'_1\boldsymbol{Z}_1+\boldsymbol{I}\dfrac{\sigma_{\mathrm{e}}^2}{\sigma_{\mathrm{w}}^2} & \boldsymbol{Z}'_1\boldsymbol{Z}_2\\ \boldsymbol{Z}'_2\boldsymbol{X} & \boldsymbol{Z}'_2\boldsymbol{Z}_1 & \boldsymbol{Z}'_2\boldsymbol{Z}_2+\boldsymbol{A}^{-1}\dfrac{\sigma_{\mathrm{e}}^2}{\sigma_{\mathrm{a}}^2}\end{bmatrix}\begin{bmatrix}\hat{\boldsymbol{b}}\\ \hat{\boldsymbol{w}}\\ \hat{\boldsymbol{a}}\end{bmatrix}=\begin{bmatrix}\boldsymbol{X}'\boldsymbol{y}\\ \boldsymbol{Z}'_1\boldsymbol{y}\\ \boldsymbol{Z}'_2\boldsymbol{y}\end{bmatrix}$$

对此方程组求解，即可得到育种值的 BLUP 估计值($\hat{\boldsymbol{a}}$)。

三、估计育种值的可靠性

一个个体的估计育种值与其真实育种值之差称为估计误差。估计误差可能是正的，也可能是负的，二者具有相同的概率，也就是说，估计育种值有同样的可能性会大于或小于真实育种值。估计误差的大小一般用估计值的准确性或可靠性来度量，在统计学上，估计值的准确性是估计值与真值的相关系数，即 $r_{\hat{\mathrm{A}}\mathrm{A}}$，其中 $\hat{A}$ 是估计育种值，A 是真实育种值，其取值在 0～1 之间，可靠性是准确性的平方，即 $r_{\hat{\mathrm{A}}\mathrm{A}}^2$。准确性越低，可能的误差就越大。表 7-1 给出了在不同可靠性下几个主要性状的估计育种值的 90%置信度的误差大小。

表 7-1　不同可靠性下估计育种值的 90%置信度的误差大小

可靠性	90%置信度的估计误差				
	背膘厚/mm	100 kg 体重日龄/d	父系指数	总产仔数	母系指数
0.20	2.25	10.0	49	1.4	69
0.30	2.11	9.4	46	1.3	65

续表 7-1

可靠性	90%置信度的估计误差				
	背膘厚/mm	100 kg 体重日龄/d	父系指数	总产仔数	母系指数
0.40	1.95	8.7	42	1.2	59
0.50	1.78	7.9	39	1.1	55
0.60	1.59	7.1	34	1	48
0.70	1.38	6.1	30	0.9	42
0.80	1.13	5.0	24	0.7	34
0.90	0.80	3.6	17	0.5	24
1.00	0.00	0.0	0	0	0

以父系指数为例，假设某个体的估计的父系指数为 100，若可靠性为 0.50，则该个体的真实父系指数有 90%的可能性与 100 会有 39 的偏差，也就是说，真实父系指数有 90%的可能性落在 100－39＝61 到 100＋39＝139 之间。若可靠性为 0.8，则真实父系指数有 90%的可能性落在 100－24＝76 到 100＋24＝124 之间。由此可见，高的可靠性对于我们准确地选择优秀种猪是很重要的。如果可靠性较低，我们在选择时就会有较大的风险，因为真实的育种值或指数可能会与估计的育种值或指数有较大的偏差。

在实际的选择中，我们会遇到 4 种情况，一是个体估计育种值或指数较好且相应的可靠性也较高，二是估计育种值或指数较好但相应的可靠性较低，三是估计育种值或指数较差但相应的可靠性较高，四是估计育种值或指数较差且相应的可靠性也较低。对于第一、三和四种情况，我们很容易作出决定，即选留估计育种值或指数较好的个体，淘汰估计育种值或指数较差的个体，但对于第二种情况，在选择时就会承担一定的风险，因为其真实的 EBV 或指数可能会远低于估计值，但也有同样的可能性会远高于估计值。如果有两个个体，我们要在它们中选择，选留一个，淘汰另一个。此时，可针对以下情况做出选择：①二者的估计育种值（或指数）相等或相近，但可靠性不等，此时应选择可靠性高的个体；②二者的估计育种值（或指数）不等，但可靠性相等或相近，此时应选择估计育种值（或指数）较好的个体；③二者的估计育种值（或指数）和可靠性都不等，此时应选择估计育种值（或指数）较好的个体。

为了降低可靠性不高所带来的风险，可以同时选择若干个个体，它们的估计育种值（或指数）都较好，但可靠性都较低。例如，如果有 4 个个体，它们的估计育种值（或指数）的可靠性都是 0.50，如果只选择其中的一个个体，则会有较大风险，但如果我们同时选择 4 个个体，则它们的平均估计育种值（或指数）的可靠性可以达到 0.90。这 4 个个体中，有的个体的真实育种值（或指数）可能会低于估计育种值（或指数），而另一些个体的真实育种值（或指数）可能会高于估计育种值（或指数），而它们的平均估计育种值（或指数）应接近平均的真实育种值（或

指数)。因此,当可靠性较低时,在可能的情况下,应尽量考虑同时选用多个个体,也就是不要把赌注压在一个个体身上。

需要说明的是,在用 BLUP 方法估计 EBV 时,可靠性的计算往往是非常困难的,因为这需要对混合模型方程组的系数矩阵求逆矩阵。因此,在一般的遗传评估结果中并不给出每个个体的各性状 EBV 和指数的可靠性。但这并不影响我们的选择决定,因为在每次选择中,我们不会只选择一个或少数几个个体,所以我们只需要根据估计育种值(或指数)的优劣来进行选择,尽管不知道每个个体的可靠性,但可以期望平均的可靠性仍然是比较高的。只要坚持在每世代都选择 EBV 最优秀的种猪,群体就会获得持续的遗传进展。

四、遗传评估具体实施

遗传评估包括两个方面的内容,一是计算猪只个体在各个性状上的估计育种值(EBV),二是计算综合选择指数。

遗传评估的计算必须借助专门的计算软件,在第六章"数据管理"中提到的数据管理系统 GBS、GPS、Herdsman 等都带有遗传评估功能,可直接利用这些软件来进行遗传评估,不同软件遗传评估的计算过程可能略有差别,这里仅以 GBS 为例,介绍遗传评估的计算过程。

GBS 中遗传评估计算的基本流程如图 7-2 所示。

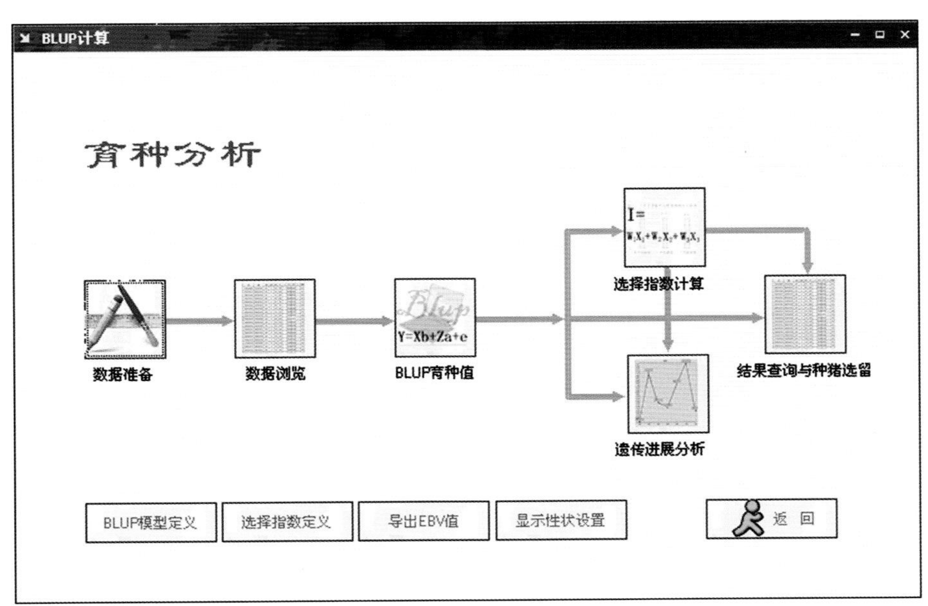

图 7-2 GBS 中遗传评估计算的基本流程

(一)数据准备

遗传评估所需要的信息包括性状表型值(及与之相关的环境因素)和系谱,这两方面的信息通常分别各用一个数据文件来提供,可分别称之为性状文件和系谱文件。所谓数据准备就是要建立这两个文件。在建立这两个文件时要考虑数据的时间范围和空间范围。时间范围一般利用近5年的性状记录和3～5个世代的系谱记录。我国猪的遗传评估工作还处于起步阶段,积累的数据还非常有限,因此应尽可能地利用所有可利用的数据。空间范围则指将哪些场的数据纳入联合遗传评定。对于地区性或全国性的联合育种来说,在保证一定的场间遗传联系的前提下,应将所有符合要求的场的数据都加以利用。

数据准备是从系统数据库中提取此次遗传评估所需的数据,见图7-3。

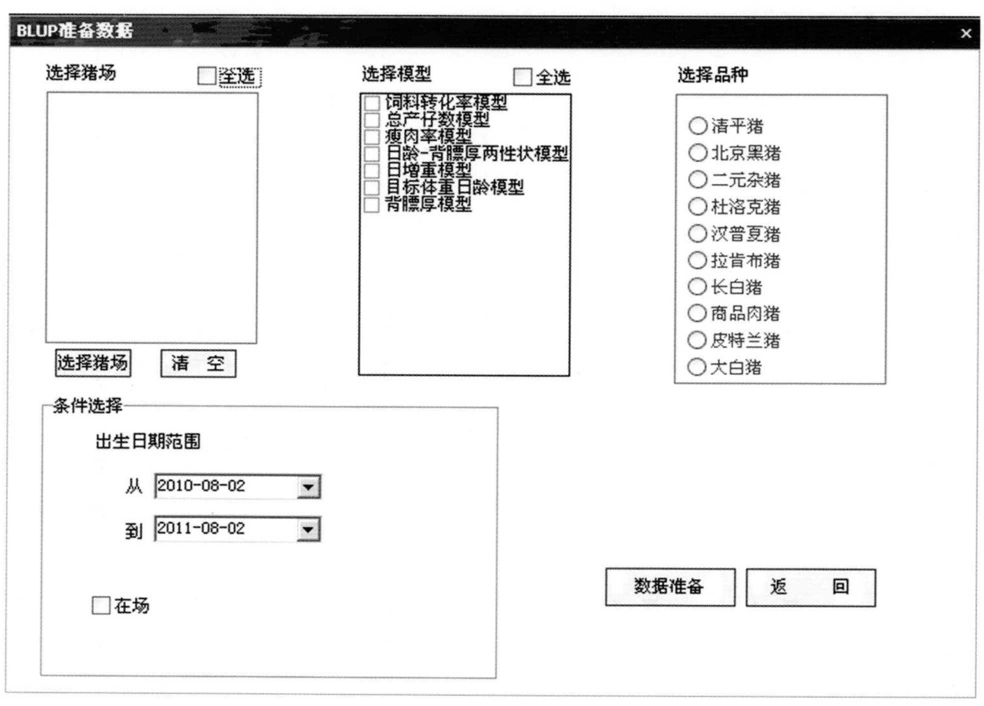

图7-3 数据准备

1. 选择猪场

选择要参加此次遗传评估的猪场,原则上,只要场间有足够的遗传联系,同一猪场的所有分场、甚至同一公司的所有种猪场的同一品种的数据应同时利用进行联合遗传评估。

2. 选择模型

模型选择是根据要分析的性状选择相应的模型,可选择一个模型,也可同时

选择多个模型，例如，如果要计算父系指数，可选择"日龄—背膘厚两性状模型"，如果要计算母系指数，可同时选择"日龄—背膘厚两性状模型"和"总产仔数模型"。系统将根据各模型所针对的性状准备相应的数据。

3. 选择品种

选择要进行评估的品种，每次只能选择一个品种。

4. 条件选择出生日期范围

按照出生日期范围和是否在场选择要参加此次遗传评估的个体。出生日期范围应尽可能地大，以保证遗传评估有足够多的信息。在计算机性能允许的情况下，可选择数据库中所有个体，如计算机性能有限，也最好选择 5 年以上。如果早期年份有测定成绩的个体数太少(如每年少于 200)，可不予选择。一般情况下，只要有性能测定成绩，无论是否在场，都应参加评估。

(二)数据检查与筛选

性能测定及其记录以及系谱的记录应尽量做到准确无误，但事实上要做到百分之百的正确几乎是不可能的，在测定、记录和向计算机中登录的过程中都可能发生错误。这些错误包括个体号的错误、系谱错误、性状记录错误、环境因子记录错误等。这些错误将使估计育种值出现偏差，并降低估计值的可靠性，从而影响群体的遗传进展。据分析当出错率达到 20%时，畜群的遗传进展将降低 4%～12%(依性状的不同而异)。因此，在进行育种值估计之前一定要对数据中可能存在的错误进行认真检查(图 7-4)。这里的检查主要有两个方面。

1. 性状值检查

对性状记录主要检查它们是否在可接受的范围内，为此通常要对每一性状给定一个合理的取值上限和下限，一旦某一性状记录超过了这个范围就认为该记录可能有误，需要进一步核实。在检查时，可先对性状记录文件按要检查的性状值大小排序，而后检查其两端的值是否超出范围。极端值的出现有 3 种可能性，一是确实是有错误，此时如果能够查出正确的数值，可对其进行修正，否则应删去该数值；二是由于该个体在饲养过程中受到了特殊的照顾，此时应删去该数值；三是该个体拥有特别优良的基因，此时应保留该数值，但出现这种情况的概率很低。如果不能判断是何种原因，则应将该数值删去。

2. 环境因子记录检查

对于每一条性状记录，要提供遗传评估要求的相关环境因子的信息，如场、测定日期、性别等。需要检查的是这些信息是否有缺失，如有缺失，需要对原始记录进行检查，如不能找到缺失信息，则只能将此记录删除。

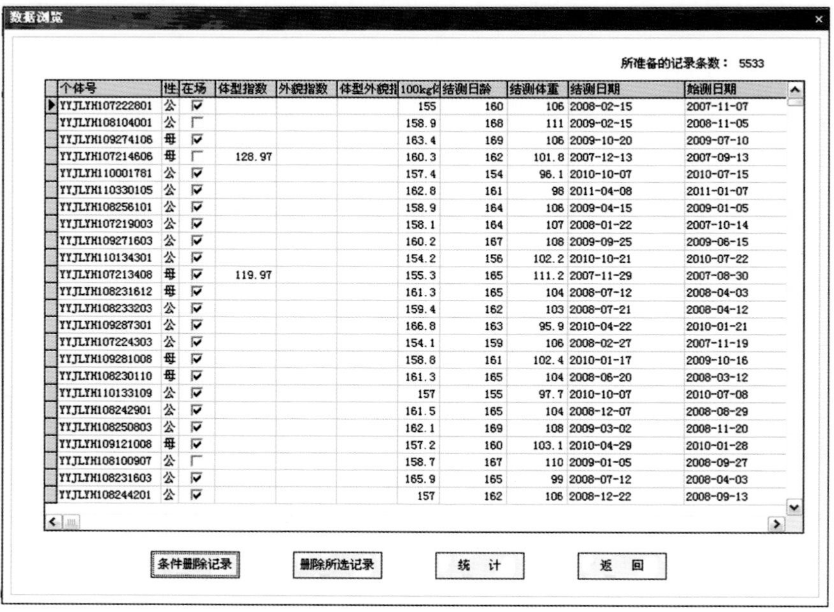

数据浏览

所准备的记录条数： 5533

个体号	性	在场	体型指数	外貌指数	体型外貌指	100kg fi	结测日龄	结测体重	结测日期	始测日期
YYJLYH107222801	公	☑				155	160	106	2008-02-15	2007-11-07
YYJLYH108104001	公	☐				158.9	168	111	2009-02-15	2008-11-05
YYJLYH109274106	母	☑				163.4	169	106	2009-10-20	2009-07-10
YYJLYH107214606	母	☐	128.97			160.3	162	101.8	2007-12-13	2007-09-13
YYJLYH110001781	公	☑				157.4	154	96.1	2010-10-07	2010-07-15
YYJLYH110330105	公	☑				162.8	161	98	2011-04-08	2011-01-07
YYJLYH108256101	公	☑				158.9	164	106	2009-04-15	2009-01-05
YYJLYH107219003	公	☑				158.1	164	107	2008-01-22	2007-10-14
YYJLYH109271603	公	☑				160.2	167	108	2009-09-25	2009-06-15
YYJLYH110134301	公	☑				154.2	156	102.2	2010-10-21	2010-07-22
YYJLYH107213408	母	☑	119.97			155.3	165	111.2	2007-11-29	2007-08-30
YYJLYH108231612	母	☑				161.3	165	104	2008-07-12	2008-04-03
YYJLYH108233203	公	☑				159.4	162	103	2008-07-21	2008-04-12
YYJLYH109287301	公	☑				166.8	163	95.9	2010-04-22	2010-01-21
YYJLYH107224303	公	☑				154.1	159	106	2008-02-27	2007-11-19
YYJLYH109281008	母	☑				158.8	161	102.4	2010-01-17	2009-10-16
YYJLYH108230110	母	☑				161.3	165	104	2008-06-20	2008-03-12
YYJLYH110133109	公	☑				157	155	97.7	2010-10-07	2010-07-08
YYJLYH108242901	公	☑				161.5	165	104	2008-12-07	2008-08-29
YYJLYH108250803	公	☑				162.1	169	108	2009-03-02	2008-11-20
YYJLYH109121008	母	☑				157.2	160	103.1	2010-04-29	2010-01-28
YYJLYH108100907	公	☐				158.7	167	110	2009-01-05	2008-09-27
YYJLYH108231603	公	☑				165.9	165	99	2008-07-12	2008-04-03
YYJLYH108244201	公	☑				157	162	106	2008-12-22	2008-09-13

条件删除记录　删除所选记录　统　计　返　回

图 7-4　数据检查

(三)BLUP 育种值

这里是计算所有个体各性状的 EBV。见图 7-5。

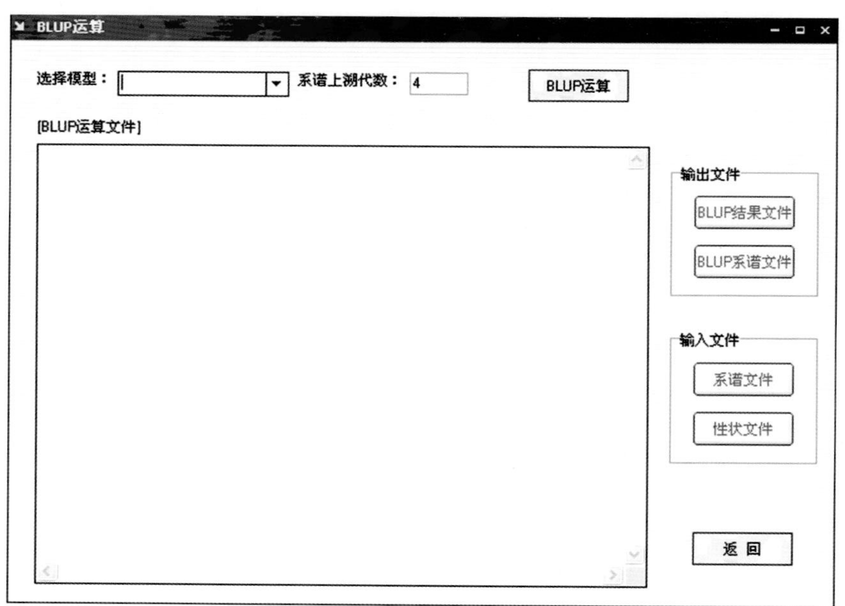

图 7-5　BLUP 育种值

1. 选择模型

这里要再次选择模型。如果在“数据准备”时选择了多个模型，对每个模型要分别计算，例如，如果在“数据准备”时选择了“日龄—背膘厚模型”和“总产仔数模型”，在这里可先选择“日龄—背膘厚两性状模型”计算日龄和背膘厚的EBV，计算完毕后，再选择“总产仔数模型”计算总产仔数的 EBV。

2. 系谱上溯代数

这里要确定系谱追踪的代数，代数越多，系谱就越完整。一般应不少于3代。

(四)选择指数计算

选择指数是将不同性状的 EBV 进行经济加权得到的指数。见图 7-6。

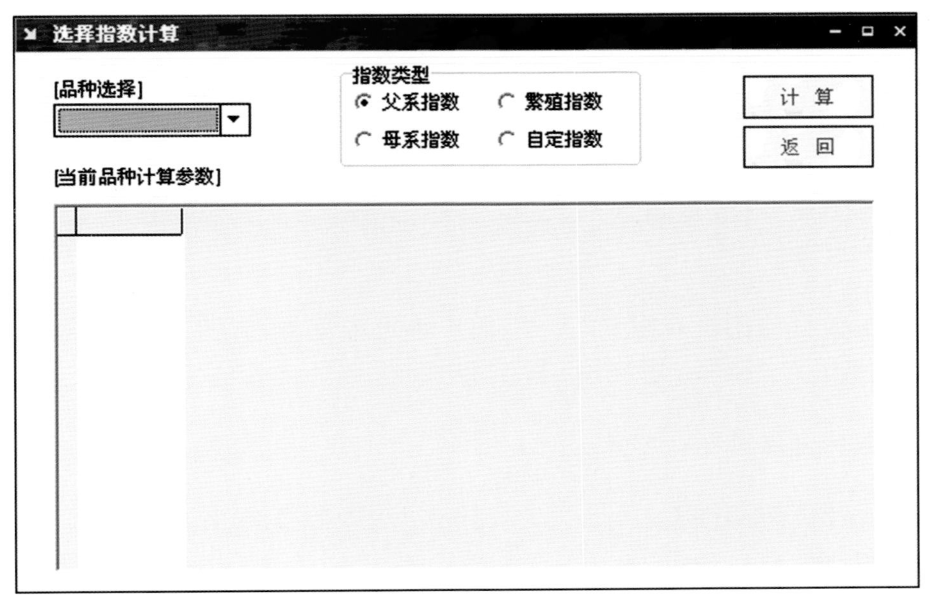

图 7-6　选择指数计算

1. 品种选择

选择此次评估的品种。

2. 指数类型

主要有 2 种指数，即父系指数和母系指数。

父系指数(SLI)：用于父系品种(即在商品猪生产中作为终端父本或生产终端父本的品种)的种猪选择，主要强调生长速度和瘦肉率，我国目前通用的父系指数定义公式如表 7-2 所示。

表 7-2　父系指数定义公式

品种	SLI 公式
约克夏猪	100－14.2×FAT－3.49×AGE
长白猪	100－13.3×FAT－3.28×AGE
杜洛克猪	100－15.2×FAT－3.75×AGE
汉普夏猪	100－15.9×FAT－3.92×AGE

FAT 为 100 kg 背膘厚的 EBV，AGE 为 100 kg 日龄的 EBV。

母系指数(DLI)：用于母系品种(即在商品猪生产中作为终端父本或生产终端父本的品种)的种猪选择，除生长速度和瘦肉率外，还强调繁殖力，我国目前通用的母系指数定义公式如表 7-3 所示。

表 7-3　母系指数定义公式

品种	DLI 公式
约克夏猪	100＋34.9×NB－10.3×FAT－2.54×AGE
长白猪	100＋34.3×NB－10.2×FAT－2.50×AGE
杜洛克猪	100＋43.4×NB－12.8×FAT－3.16×AGE
汉普夏猪	100＋45.2×NB－13.4×FAT－3.29×AGE

NB 为总产仔数的 EBV。

繁殖指数目前还没有定义，此外，用户也可根据本场的育种目标自行定义指数(自定指数)。

(五)遗传进展分析

在遗传评估的基础上，可进行主要性状 EBV 平均值、标准差等统计量分析、遗传进展和遗传差异分析，见图 7-7 和图 7-8。

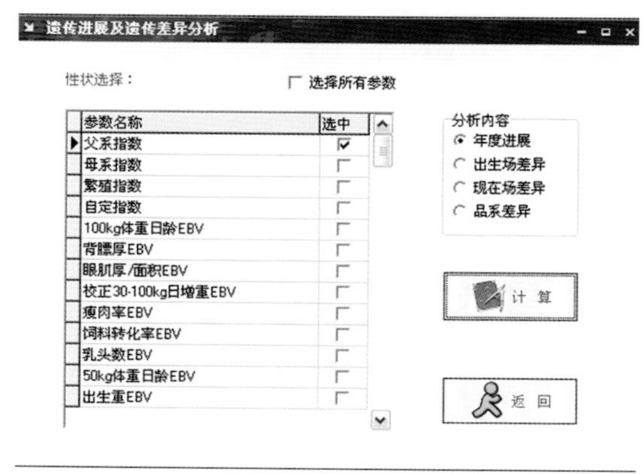

图 7-7　遗传进展及遗传差异分析

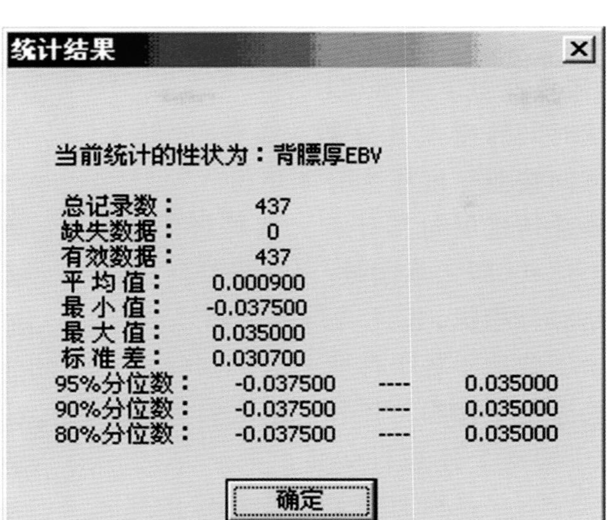

图 7-8 统计结果

(六)年度进展

某个性状或某种指数的年度进展是在不同年度出生的个体的平均 EBV 或指数的变化，可以用表格或折线图表示，它反映了群体的遗传进展，如图 7-9 所示。

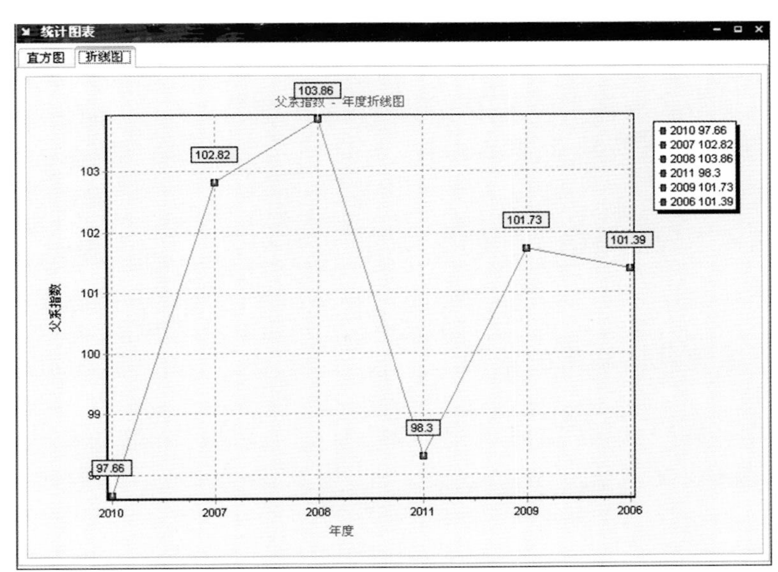

图 7-9 年度进展

企业每隔一段时间即需分析一下遗传进展，以便找出差距、调整策略。

1. 注意事项

分析遗传进展需要注意下列事项：

第一，必须明确时间跨度及其分期。通常，人们多以分析时为截止点，向前推至一个起始点，其间按照年度作为分期单位。

第二，必须明确遗传进展包括什么。遗传进展既体现在父系指数或母系指数上，也体现在单个性状（即父系指数/母系指数所包含的性状）的育种值上。父系指数/母系指数是综合指标，其进展与单个性状的育种值进展并不完全一致，因为父系指数/母系指数给予各个性状的经济加权不一样。

第三，必须明确哪些个体参与比较。更准确地说，即要明确所确定的时间跨度之内每个分期之中哪些个体进行父系指数/母系指数及单个性状的育种值比较。通常可有两种选择：一是所有有记录和测定的猪甚至所有能估计出育种值的猪；二是仅包括基础种猪。二者所反映的信息不同，用途也不完全相同。

第四，必须注意育种值估计所使用的信息数据范围。通常，育种值的估计都是基于一定时间段的性能测定与记录信息，而且为了增进估计的准确性，信息不仅包括最新测定的个体也包括此前的信息。例如，美国 STAGES 的育种值估计，便是以从分析时间其前推一个恒定时间区段。分析时间不同，育种值估计所用的信息也不同。所以，不同时间点分析所得到的估计育种值没有可比性。为了分析遗传进展，必须将要比较的个体放在同一信息数据范围内估计育种值。

第五，必须注意遗传进展分析的层次。企业可在本企业、区域、全国等不同层次上估计育种值，因而也可在本企业、区域、全国等不同层次上分析遗传进展。这种分析既包括本企业纵向的比较，也包括了企业间的比较。这样，更有利于企业找到差距，更好地进行跨企业的选种、选配。

2. 遗传差异

将不同场或不同品系的个体的平均 EBV 或指数的差异，反映了场间或品系间的遗传差异。

（七）关于遗传评估结果的说明

①各性状的 EBV 值有正值也有负值，对于 100 kg 体重日龄和背膘厚来说，EBV 是越小越好，负值优于正值。而产仔数的 EBV 则是越大越好，正值优于负值。

②无论是父系指数还是母系指数，都应是正值，且越大越好。根据以上公式计算的父系指数和母系指数的群体平均数应为 100 左右，标准差为 25 左右。也就是说，如果某猪只的指数值大于 100，就意味着它超过了群体平均水平，小于 100 则低于群体平均水平，群体中指数大于 125 的个体约占有 16%，指数大于 150 的个体约占 2.5%。

③关于 EBV 或指数的可靠性。一个个体的 EBV 只是对其真实育种值的估计值，难免会存在估计误差，也就是说，EBV 有可能会大于真实育种值，也可能会小于真实育种值，两种情况出现的概率相同。这种估计误差的大小可用 EBV 的准确性或可靠性来度量，可靠性越高，可能的估计误差就越小。EBV 可靠性的高低取决于用于计算 EBV 的质量和数量，数据的质量包含以下几个方面：

—数据的正确性，如个体号是否正确、性状测定值是否正确等。

—数据的准确性和精确性，准确性是指性状测定值的系统误差，例如，可能由于测定设备或测定部位的问题造成测定值的普遍偏高或偏低，精确性是指重复测量结果的可重复性。

—数据的完整性，包括时间上的完整性和群体的完整性，在时间上应是连续不间断的，在群体上应包含整个群体的数据，切不可人为地按照个人喜好来删除数据。此外，个体的记录也应是完整的，一个个体的完整记录应包括其性状测定值及相关的时间、地点等信息，如果缺失其中的某个关键信息，会导致该记录无效。

—系谱记录的完整性和正确性，完整和正确的系谱对于确定个体间的亲缘关系是必要的，亲缘关系的正确与否对于 EBV 的可靠性有很大影响。

数据的数量决定了个体遗传评估时可利用的信息量，在保证数据质量的前提下，信息量越大，遗传评估的可靠性越高，因此要保证有足够的数量。

理论上讲，我们可以计算出每个个体的 EBV 和指数的可靠性，但由于计算难度很大，在一般的遗传评估结果中并不给出每个个体的各性状 EBV 和指数的可靠性。但这并不影响我们的选择决定，因为在每次选择中，我们不会只选择一个或少数几个个体，虽然单个个体 EBV 可靠性可能不高，但多个个体的平均 EBV 的可靠性仍然是比较高的，所以我们只需要根据 EBV 或指数的优劣来进行选择，只要坚持在每世代都选择 EBV 最优秀的种猪，群体就会获得持续的遗传进展。

第八章　联合育种

一、联合育种的概念与意义

联合育种就是将相同或相近育种目标的种猪场有组织地联合起来建立的良种繁育体系，形成一个大的核心群，即“超级核心群”，具有统一的数据记录系统、性能测定制度和选择方法，统一进行遗传评估，选出最优秀的种公猪，以供各场/群共享。猪场/群间通过人工授精或购买种猪进行基因交换，建立遗传联系。每个猪场/群相当于一个子核心群，各猪场/群开放，整个群体（育种系统）闭锁繁育，必要时才导入基因，以达到加快育种进展和提高群体性能水平的目的。

影响猪育种进展的 4 个要素：①选择强度；②遗传变异；③育种值估计准确度；④世代间隔。前 3 个因素直接取决于育种群规模，世代间隔也与规模有着密切的关系，因此猪育种的效果首先就取决于规模。

由于受到多种因素的限制，我国目前的种猪核心群规模无一例外地偏小，即便以单一企业年出栏量达到 500 万头商品猪计算，按照主流的三元杂交体系，其核心育种群总规模也不足 3 000 头，其单一品种核心群也低于 2 000 头，如果再考虑遗传变异需要维持的家系规模，选择的余地就更为有限。因此，国际上种猪育种的主流趋势就是以不同组织方式的联合育种体系，即便类似 PIC 这样的大型跨国种猪公司在其体系内也是实行跨国联合育种。可以预见，我国未来的种猪育种体系将是以全国性和区域性联合育种为主的模式。

联合育种的核心是进行种猪的跨场联合遗传评估，使得不同场的种猪在遗传上具有可比性，可以进行种猪的跨场选择。联合育种具有以下优点：①核心群规模的扩大，加大了选择强度，提高了育种进展，可以逐步缩小与养猪发达国家的差距，解决种猪重复引进的问题。②采用统一的育种方案，应用育种新技术，提高我国猪的育种技术水平，加快种猪的改良速度，为我国的种猪走向国际市场奠定基础。③规范我国猪的育种工作，建立完整的良种繁育体系，促进我国养猪业的可持续发展。④随着我国种猪质量的提高，逐步减少引种数量和引种经费，同时又降低了引进疾病的风险。⑤通过优秀种公猪的跨场使用，使优秀遗传资源得到充分利用，同时也可以减少种公猪的饲养量，从而提高公猪的选择强度，并降低育种成本。⑥通过跨场的联合遗传评估，可以对不同场的种猪遗传水平进行客观公正的评估，有利于场间的公平竞争。

要实现种猪的跨场联合遗传评估，需要两个前提条件：

①所有参加联合育种的种猪场实行统一规范的性能测定，在性状定义、测定方法上必须是一致的。

②不同场间要有一定程度的关联性。由于不同场的环境条件不同，只有在场间具有一定程度关联性的前提下，才能对场间的环境差异进行校正，比较其种猪在遗传上的优劣。

二、群间关联性

1. 群间关联性的概念

在统计学上，如果两个猪群的群效应之差是可估计的，则这两个猪群具有关联性。群间关联由两方面的因素构成，一是遗传上的关联，也就是不同猪群的个体有一定的亲缘关系，例如，如果两个猪群都用了同一头公猪，该公猪在这两个群中都有后代，这些后代之间就有了亲缘关系。二是环境上的关联，当不同猪群的猪集中在同一环境下（例如在中心测定站）进行测定，即使这些猪彼此间没有亲缘关系，不同猪群间也有关联性，如表 8-1 所示。

表 8-1　通过测定站建立的群间关联

猪群	公猪			测定站
	1	2	3	
A	√			
B	√	√		
C		√		√
D			√	√

表 8-1 中，群 A 和 B 都用了公猪 1，群 B 和 C 都用了公猪 2，群 D 用了公猪 3，群 C 和 D 有猪只在测定站进行了测定。假设 3 头公猪间没有亲缘关系。群 A 和 B 通过公猪 1 产生直接遗传关联，群 B 和 C 通过公猪 2 产生直接遗传关联，群 A 和 C 通过群 B 产生了间接遗传关联，群 D 与其他群没有遗传上的关联，但它与群 C 通过测定站产生了环境关联，并通过群 C 与群 A 和 B 也产生了间接关联。

2. 群间关联性的度量

度量群关联的目的是使来自不同猪群的个体的估计育种值具有可比性，因而对两个猪群的群间关联性最合理的度量是这两个群所有个体两两配对的估计育种值之差的平均方差，这个方差越小，群间个体估计育种值之差的准确性越高，但是在大规模的遗传评估中，这个方差很难计算。Mathur（1999）提出用关

联率来近似这个方差，关联率被定义为不同群的群效应估计值的相关，即

$$CR_{ij}=\frac{Cov(\hat{h}_i,\hat{h}_j)}{\sqrt{V(\hat{h}_i)V(\hat{h}_j)}}$$

其中，CR_{ij} 为第 i 群和第 j 群之间的关联度，$Cov(\hat{h}_i,\hat{h}_j)$ 为第 i 群和第 j 群效应估计值之间的协方差，$V(\hat{h}_i)$ 和 $V(\hat{h}_j)$ 分别为第 i 群和第 j 群效应估计值的方差。这些方差和协方差需要通过对混合模型方程组的系数矩阵求逆而获得，设 $\boldsymbol{W}$ 混合模型方程组的系数矩阵，$\boldsymbol{W}^{-1}$ 是它的逆矩阵，则 $V(\hat{h}_i)$（或 $V(\hat{h}_j)$）等于 $\boldsymbol{W}^{-1}$ 中与第 i 群（或第 j 群）相对应的对角线元素，$Cov(\hat{h}_i,\hat{h}_j)$ 等于 $\boldsymbol{W}^{-1}$ 中与第 i 群和第 j 群对应的非对角线元素。但是，当数据量很大时，直接求 $\boldsymbol{W}^{-1}$ 是非常困难的，为此，Mathur[9] 提出下面的间接计算方法：

因为 $\boldsymbol{W}\boldsymbol{W}^{-1}=\boldsymbol{I}$

所以 $\boldsymbol{W}\boldsymbol{W}_i^{-1}=\boldsymbol{I}_i$

其中，$\boldsymbol{I}$ 为单位矩阵，$\boldsymbol{I}_i$ 为单位矩阵中与第 i 个群对应的单位向量，其中与第 i 个群对应的元素为 1，其余元素为 0，$\boldsymbol{W}_i^{-1}$ 为 $\boldsymbol{W}^{-1}$ 中与第 i 个群对应的向量，它可由对此方程组求解得到。针对相关的群求 $\boldsymbol{W}_i^{-1}$，就可得到所需的 $\boldsymbol{W}^{-1}$ 中的对角线元素和非对角线元素。

三、如何建立与增强场间关联性

如前所述，场间关联由遗传关联和环境关联两部分构成，因此，要建立和增强场间关联，就要从这两个方面去考虑。由于我国的中心测定站一般规模不大，每次测定的猪只数量有限，所以通过测定站来建立关联的作用有限，因而主要还是要通过遗传关联来建立场间关联。遗传联系主要通过公猪的跨群使用（通过共用的公猪站或群间精液交换）和种猪交换来建立。

根据当前我国实际情况，采用图 8-1 所示的模式来建立场间联系。根据这种模式，在初级阶段，种猪场可将自身育种群划分为共享群与场内选育群，共享群一方面与其他种猪场共享群进行精液交流；另一方面与场内选育群进行遗传交换，或参加场内统一测定。与此同时，共享群与场内选育群均选送部分优秀个体送至中心测定站，这样，各种猪场间就可以通过各自共享群建立起有效的遗传联系，形成具有一定区域特色的跨场间遗传联系体系。在此基础上，通过区域性公猪站的交流，逐步建立起跨区域遗传联系体系，这样一个庞大的国家种猪遗传资源共享体系即可形成，这种体系的形成将永久性地为我国猪育种事业服务，并成为今后种猪竞争的重要手段之一。

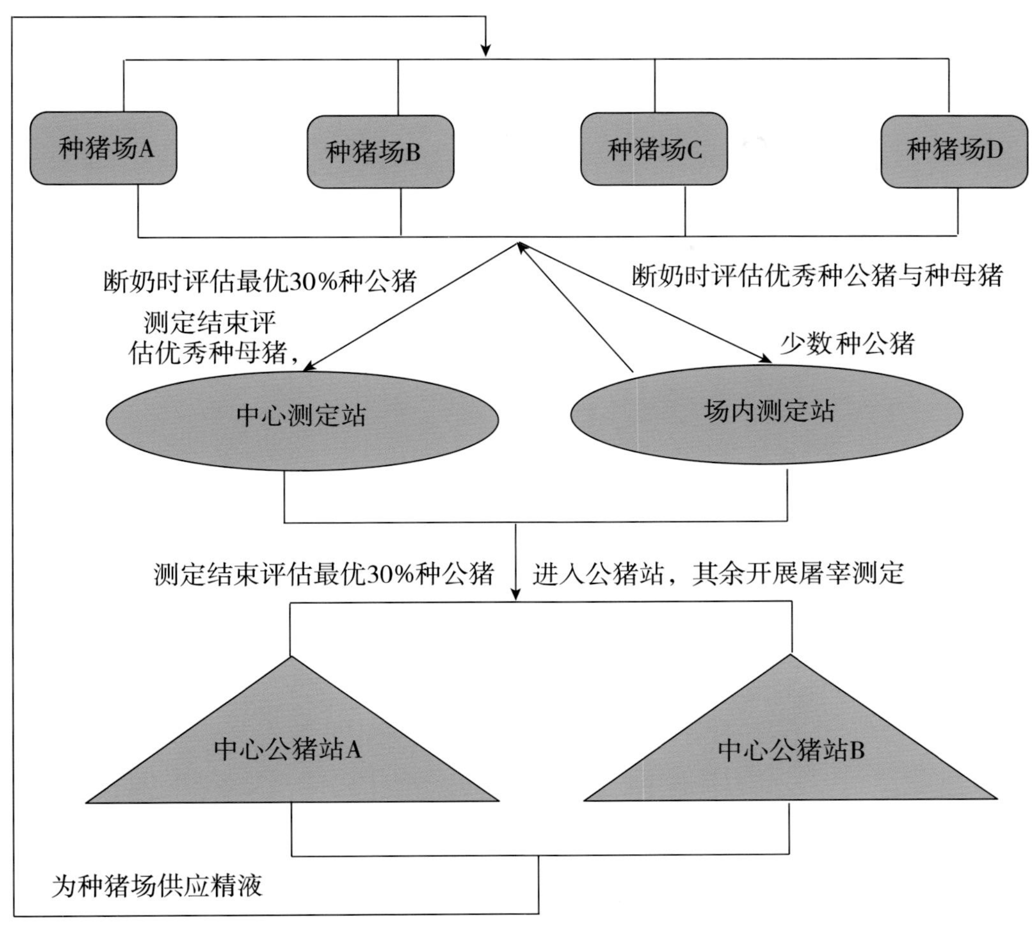

图 8-1 群间关联性建立模式图

四、联合育种的实施

1. 遴选国家生猪核心育种场

2016 年前分批完成 100 家国家生猪核心育种场的评估遴选；到 2020 年，通过对 100 家国家生猪核心育种场的持续选育，达到全国生猪遗传改良计划技术指标要求。其中，2009—2012 年遴选 50 家国家生猪核心育种场，筛选出高生产力水平的核心育种群 5 万头，配套相关育种设施设备。2013—2016 年：再遴选 50 家国家生猪核心育种场，形成纯种基础母猪总存栏达 10 万头的国家生猪核心育种群，形成相对稳定的育种基础群体。

2. 组织开展种猪登记

建立国家种猪数据库，按照《种猪登记技术规范》(NY/T 820—2004)组织国家生猪核心育种群纯种猪进行登记并及时传送国家种猪数据库。

3.种猪性能测定

坚持场内测定与中心测定站测定相结合,以场内测定为主要形式。中心测定按农业部下达的种猪质量监测计划进行。场内测定育种群15%的种群采用纯种繁育,实施全群测定;其余个体以扩繁为主,视场内血缘状况可对部分种群实施纯繁,纯繁后代测定数量至少1公2母。

4.遗传评估

国家生猪核心育种场按照全国种猪场场内性能测定规程实施全群测定,每周四将育种群变更数据上报到全国遗传评估中心。全国遗传评估中心每周五进行育种值计算,次周一前将结果反馈至各国家生猪核心育种场。

5.遗传交流与稳定遗传联系的建立

国家生猪核心育种场之间至少应与3家其他育种场进行持续的遗传交流。遗传交流方式主要有两种:一是直接将他场优秀种猪引入本场育种群;二是将他场优秀种公猪精液导入本场育种群。应保证有5%以上的纯繁种群与他场遗传物质进行交流,本场最优秀的5%种群必须参与场间遗传交流。

6.种公猪站建立

根据全国生猪优势区域布局规划和国家生猪核心育种场的分布情况,2012年前选出20家种公猪站用于核心育种群的遗传交换,种公猪必须来源于国家生猪核心育种场,并经性能测定、遗传评估优秀的公猪。

为推进国家生猪良种补贴项目的实施与国家生猪核心育种场纯种猪的推广,2020年建设400家种公猪站,用于社会化遗传改良与生猪良种补贴工作,种公猪须来源于国家生猪核心育种场。2015年起,种公猪站饲养的种公猪必须经过性能测定,猪人工授精技术服务点布局合理、服务到位。

场间遗传联系的建立是实质性联合育种的基础,国家核心育种场应切实按照全国生猪遗传改良计划及其实施方案要求,积极主动地参与建立场间遗传联系工作。重点开展:①自建或参与建立相对“独立”的种公猪站,确保防疫条件和各项基础设施设备完善;②按照全国生猪遗传改良计划专家小组确定的场间遗传交流计划,为联系场提供健康、准确、可靠的公猪精液,并提供精液相关的完整信息资料;③按照全国生猪遗传改良计划专家小组确定的场间遗传交流计划,选配适量的联系场种公猪,确保建立长期稳定的场间联系;④协助全国生猪遗传改良计划专家组采集核心群种猪DNA样品,构建全国种猪DNA库。

附件 1　种猪性能测定技术人员考评标准

1. 概述

众所周知，测定、评估和选留是育种工作的三个重要环节，其中测定是基础，评估是依据，选留是归宿。换言之，没有测定，就没有实际意义上的选育。

测定是按规定的方法和流程获取数据的过程。就种猪测定而言，根据其场所的不同，就有测定站测定和场内测定之分，据测定方法而言，则有生产性能测定、繁殖性能测定、胴体品质测定和肌肉品质测定之别。无论是哪一种测定，简单也好、复杂也罢，都离不开种猪测定技术员的辛苦工作，从这个意义上讲，种猪性能测定数据的准确可靠与测定技术员素质密切相关。

纵观世界养猪发达国家的猪育种发展历程不难发现，他们在制定有切合实际且行之有效的测定方案和测定规程、并不断地进行着修改完善的基础上，建立了一整套有关种猪性能测定技术员培训考核、考评淘汰机制，并以此作为规范种猪性能测定技术员行为，检验其专业技能和建立良好测定数据库的基础。

以加拿大为例，加拿大的种猪性能测定技术员（引自 Ontario Swine Improvement，Rob Gribble 的 ppt）必须参加种猪性能测定技术员国家培训方案规定的培训课程，只有通过考核获证者，才有资格进行种猪生产性能测定工作。测定技术员资格证分为一级和二级，一级指初次参加培训，考核合格者，二级指已经开展实际性能测定工作，在一年内将测定数据发送到加拿大猪改良中心（Canadian Center for Swine Improvement，CCSI），并通过期间考评者。无论一级还是二级测定技术员，其资格证的有效期均为一年，也就是说，持证者每年都应参加年度考评。

随着《全国生猪遗传改良计划（2009—2020）》工作的深入，场内测定工作已广泛展开，特别是一些大型种猪场，应时启动了场内测定工作，并通过全国种猪遗传评估信息网（www.cnsge.org.cn）传送大量的测定数据。然而，由于不同种猪场在测定规程、测定方法、测定设备以及测定条件等方面存在差异，使得其上传测定数据的准确性和可靠性则不容乐观。因此，如何有效保障测定数据的真实有效和准确可靠，成为行业十分关注的焦点问题。

我国职业资格鉴定工作起步于 20 世纪 90 年代，截至目前，已发展为 31 个地方鉴定站和 2 个部级鉴定中心，公布的鉴定职业资格达 1 200 余类，但没有种猪测定技术员职业资格鉴定类，我国“农业职业技能鉴定”中，只有“家畜繁殖员”这一资格鉴定。因此，种猪测定技术员的资格鉴定工作只能参照《家畜繁殖员》国家职业标准的规定，借鉴加拿大等欧美国家的现行做法，以全国畜牧总站

2011年举办的三期种猪测定技术员培训班为依据，就种猪测定技术员的培训、考评和监管等进行扼要阐述，并期望借此引导种猪性能测定技术员的培训考评工作规范有序地开展，为保障种猪测定工作健康、持续和有效地开展，提高测定数据的准确可靠性奠定基础。

2. 人员的挑选与申报

2.1 申报条件

按照现行“农业职业技能鉴定”的工作要求，《家畜繁殖员国家职业标准》中规定，家畜繁殖员职业资格鉴定设五个级别：初级（国家职业资格五级）、中级（国家职业资格四级）、高级（国家职业资格三级）、技师（国家职业资格二级）、高级技师（国家职业资格一级）。各级的申报条件（引自国家职业标准：家畜繁殖员）如下。

2.1.1 初级（具备下列条件之一者）

①经本职业初级正规培训达规定标准学时数，并取得结业证书；

②在本职岗位连续见习工作2年以上；

③在本职学徒期满。

2.1.2 中级（具备下列条件之一者）

①取得本职业初级职业资格证书后，连续从事本职业工作3年以上，经本职业中级正规培训达规定标准学时，并取得结业证书；

②取得本职业初级职业资格证书后，连续从事本职业工作5年以上；

③连续从事本职业工作7年以上；

④取得经劳动保障行政部门审核认定的、以中级技能为培养目标的中等以上职业学校本职业（专业）毕业证书。

2.1.3 高级（具备下列条件之一者）

①取得本职业中级职业资格证书后，连续从事本职业工作4年以上，经本职业高级正规培训达规定标准学时，并取得结业证书；

②取得本职业中级职业资格证书后，连续从事本职业工作7年以上；

③取得高级技工学校或经劳动保障行政部门审核认定的、以高级技能为培养目标的高等职业学校本职业（专业）毕业证书；

④取得本职业中级资格证书的大专以上本专业或相关专业毕业生，连续从事本职业2年以上。

2.1.4 技师（具备下列条件之一者）

①取得本职业高级职业资格证书后，连续从事本职业工作5年以上，经本职业技师正规培训达规定标准学时，并取得结业证书；

②取得本职业高级职业资格证书后，连续从事本职业工作8年以上；

③取得本职业高级资格证书的高级技工学校本职业(专业)毕业生,连续从事本职业2年以上。

2.1.5 高级技师(具备下列条件之一者)

①取得本职业技师职业资格证书后,连续从事本职业工作3年以上,经本职业高级技师正规培训达规定标准学时,并取得结业证书;

②取得本职业技师职业资格证书后,连续从事本职业工作5年以上。

2.1.6 种猪测定技术员申报条件

根据全国畜牧总站牧站(牧)函[2011]29号和123号文件精神,参照《家畜繁殖员》的相关规定,种猪测定技术员申报条件暂定为:除具备"家畜繁殖员"高级申报条件外,还应具备大专及其以上学历,并从事种猪生产性能测定工作1年以上。

2.2 人员挑选与申报

2.2.1 人员挑选

职业资格鉴定不仅需要专业知识和实践技能,还需要工作经验和经历。但申报条件中并没有对人员的职业修养、责任心和主观能动性进行约定。因为,事业心和责任感需要由企业老总或单位主管进行观察和考量。对于一个合格的测定技术员而言,仅凭专业理论和实践技能是不够的;还需要有良好的责任心。由于种猪测定是一项繁杂而严肃细致的工作,不仅需要有良好的硬件和软件条件作支撑,还需要测定技术员的责任心和严谨的工作作风。因此,挑选人员并培养成合格的测定技术员是一项十分重要的工作,需要多方面共同的努力。对种猪场而言,只有认真挑选合适的技术人员参加培训,并通过制定测定规程,在精心组织和合理安排的基础上,才有可能保障种猪测定工作的有效实施,才有可能按性能测定、评估和种猪选留的步骤选择出真正意义上的优秀个体,取得良好的遗传改良效果。

2.2.2 申报

种猪场挑选并确认参加培训的人员后,应按农业行业职业资格鉴定的要求,如实地填报"农业行业职业技能鉴定申报审批表",其中,申报等级应填写高级,并注明是种猪测定技术员。并提交本人的学历证明复印件和证件照。而后参加相关的培训和考核。

3. 培训与考核

按照现行"农业职业技能鉴定"工作的规定,家畜繁殖员采取考、教分离方式进行。其中,培训工作由行业行政主管部门或有资质机构组织实施,鉴定考评由国家认证认可机构组织承担。

3.1 培训内容

按照现行农业职业技能鉴定工作的规定，家畜繁殖员职业技能鉴定的培训内容包括理论知识和实验操作两部分。其中，理论知识包括职业道德基本知识、职业守则、专业基础知识、相关法律法规知识等。实验操作包括相关测定仪器设备的规范操作、目测观察项目的客观准确描述、测量项目（性状）的规范化操作等。

由于我国目前还没有种猪测定技术员培训方案，故只能是借鉴加拿大种猪测定技术员培训方案，结合2011年全国畜牧总站组织举办的三期种猪测定技术员培训班实际情况进行说明。

加拿大种猪测定技术员培训方案中规定，培训课程分为一级和二级。其中：一级培训课程包括理论和实操两部分，理论课程包括超声波基础理论、超声波的应用和猪解剖学；实操课程包括独立测量不少于25头猪。鉴定采用理论笔考、实操现场考核的方式，其中，理论为闭卷考试，及格分数为满分的80%，实操考核为独立测量不少于25头猪，然后将其测定数据与二级测定技术员的测定结果进行比较，背膘厚：一级测定结果与二级测定结果的相关性大于0.9，相对偏差小于0.75 mm者为合格，反之则不合格；眼肌高度：一级测定结果与二级测定结果的相关性大于0.75，相对偏差小于1.50 mm者为合格，反之则不合格。二级培训课程与一级相似，但要求掌握更多知识与经验，如超声波的理论、软件图像分析、超声波应用的其他特征、解剖学以及胴体测量比较。同时规定，二级种猪测定技术员负有对一级测定技术员的监控、培训和区域性鉴定的义务。

2011年全国畜牧总站组织举办三期种猪测定技术员培训班讲授的内容包括：理论部分有种猪性能测定的基本原理、种猪性能测定的条件与方法、种猪场内选育流程或现场育种组织和后备猪选留、种猪测定主要设备使用与维护或种猪生产性能现场测定操作要点和注意事项、种猪测定数据管理与应用等；实操部分有B超仪的使用、活体背膘厚、眼肌高度、眼肌面积测定，活体称重等。

综上所述，种猪性能测定技术员培训内容应包括：种猪性能测定的基本原理、种猪性能测定的条件与方法、猪育种常规技术的应用与选育流程、种猪性能测定设备的原理，特别是超声波测定的原理与图像分析和种猪性能测定的数据管理与应用以及种猪测定主要设备使用与维护等；但不包括有关职业道德基本知识、职业守则和相关法律法规知识如《畜牧法》、《动物防疫法》、《劳动法》、《计量法》和《标准化法》的讲授，考生应认真地自学。实操培训采取现场讲授、老师指导、学员独立操作相结合的方式进行，内容包括应用B超测定种猪的活体背膘厚、眼肌高度和眼肌面积，应用个体笼秤称量活猪体重，原始记录的规范填写和测定数据的有效数及其偏差要求等。

3.2 鉴定方式

按照现行农业行业职业资格考评鉴定的要求，鉴定考评分理论考试和实操考核两部分，考评试卷要求“一律从国家题库中提取试卷”。其中，理论考试采用闭卷笔试，在标准教室内进行，考试时间为120分钟，通常情况下，理论考试的考评人员与考生比例应为1∶20，每个标准教室应不少于2名考评员，考卷考题分为标准的和非标准的，见表1和表2(引自CETTIC中国就业培训技术指导中心OSTA劳动保障部职业技能鉴定中心命题管理处，职业技能鉴定命题与国家题库建设ppt)。实操考核一般在现场进行，考核时间为45～90分钟，实操考核的考评人员与考生比例为1∶5，且不少于3名考评员，综合评审委员不少于5人。理论考试和实操考核均实行百分制，成绩皆达60分及以上者为合格。合格者由专业职业技能鉴定机构发给“专业资格等级证书”。

表1　职业资格鉴定考评理论知识考试的试卷题型要求(标准)

题型	题量		分数	
	初级、中级	高级	初级、中级	高级
选择题	80题，每题1分		80	
判断题	20题，每题1分		20	
总分	100题100分			

表2　职业资格考评理论知识考试的试卷题型要求(非标准)

题型	题量		分数	
	初级、中级	高级	初级、中级	高级
选择题	10题，每题2分		20	
判断题	20题，每题2分		40	
简答题或计算题	10题，每题2分	10题，每题1分	20	10
论述题或绘图题	无	1题，每题10分	0	10
总分	100分(44/45题)			

种猪性能测定技术员考评鉴定由“农业行业职业鉴定机构”承担，其中，理论考试与其他职业鉴定相同，实操考核一般在测定现场进行，考核现场应配备符合种猪性能测定技术员考核的设备、种猪和辅助器材如标准砝码、超声胶、原始记录表以及辅助人员等。考生的考卷由考评员收取后交主考人员现场进行封卷后带走，而后进行统一阅卷。

3.3 发证

发证一般在考评阅卷完毕后进行，有两种方式可以获得证书情况：一种是上网查询：一般在15个工作日后，考生可以通过登录“国家职业资格工作网 www.osta.org.cn”，点击“证书查询”栏目进入查询页面，然后，根据相关提示输入考生

本人的姓名、身份证号和准考证号进行查询。另一种是等待证书寄到，证书一般需要在考评结束 30 天后才能收到。

4. 预备期、有效期、期间考评与滚动淘汰

按照《全国生猪遗传改良计划(2009—2020)》的要求，场内测定工作应由有资质的种猪测定技术员承担，测定数据(结果)应有种猪测定技术员的签字方为有效。换言之，种猪测定技术员资格证是开展场内种猪测定工作的必备条件。随着《全国生猪遗传改良计划(2009—2020)》工作的深入推进，一个以“场内测定为主、集中测定为辅”的氛围业已形成。然而，不同种猪场、不同测定技术员、不同测定设备和不同测定条件下测定的大量数据不断地传入遗传评估中心的数据库，如何科学有效地评价测定数据的可靠性和准确性，已成为广泛关注的焦点问题。为此，借鉴加拿大种猪测定技术员的分级与核查规定，结合我国现行的通常做法，如驾驶员证年审制度等，对取得种猪测定技术员资格证书者实行“预备期、有效期考评和滚动淘汰”机制十分必要。

4.1 预备期

培训考评完成的考生(准种猪测定技术员)即进入预备期，预备期为 1 个月。在预备期内，准种猪测定技术员应向《全国种猪遗传评估信息网 www.cnsge.org.cn》传送本人独立测定的、不少于 100 头的测定数据(结果)，经与同类测定数据(结果)比较，如果相关性小于 0.85，或相对偏差大于 2.0 mm，则不能承担测定工作。

4.2 有效期

预备期满，经测定数据(结果)比对合格者，进入持证有效期。初次获得资格证者，其资格证的有效期暂定 3 年(加拿大为 1 年)，再次获得资格证者，其资格证有效期暂定 5 年。持证者只能在有效期内从事种猪测定工作。过期无效。持证者在有效期达到前 3 个月应主动申请换证，或申请参加再次培训和考评。

4.3 期间考评与换证

期间考评与换证主要针对持证者，考评方式可采用在线抽查或能力比对。在线抽查：资格证持有者在实际测定过程中，由 2 名以上的考评人员站在一旁观察其操作是否规范、设备使用是否正确、测定数据是否可靠(连续 5 次测定或称量同一头种猪，测定偏差是否满足规定的要求)，其测定偏差是否满足结果评判要求的规定等。能力比对：资格证持有者在某一时间段内上传的测定数据与同类测定数据进行比较，同样，其测定偏差是否满足结果评判要求的规定。

无论是在线抽查，还是能力比对，如果操作规范、测定数据准确可靠，两两比较结果满足以下规定者，考评结果为合格，可以换证；如果连续 2 次考评，年度测定数据的置信度(confidence)符合 t 分布，计算的 t 值满足常规置信度的要求

（P=95%），则考评为优秀。

两两比较结果评判要求如下：

——活体背膘厚：两两测定结果比较，如果相关性大于0.9，或相对偏差小于0.75 mm者为合格，反之则不合格；

——活体眼肌高度：两两测定结果比较，如果相关性大于0.75，或相对偏差小于1.50 mm者为合格，反之则不合格；

——体重称量：两两测定结果比较，如果相关性大于0.85，或相对偏差小于1.0 kg者为合格，反之则不合格。

4.4 滚动淘汰

为建立良好有序的种猪测定环境，保障种猪生产性能测定数据的真实有效和客观可靠，实行滚动淘汰机制刻不容缓，延长，建议通过期间考评，采取换证的方式，以期间考评结果为依据，对持证种猪测定技术员实行滚动淘汰的监管模式，以期达到规范种猪测定技术员的测定行为，约束其开展有效的测定工作，传送真实有效的测定数据。

滚动淘汰规则如下：

——凡单次考评合格者，应进行换证，可以继续开展种猪测定工作；

——凡单次考评不合格者，则不能换证；原证有效期满后转入预备期，如果预备期考评合格，则延长其资格证的有效期1年，在有效期内可以开展种猪测定工作；

——凡连续2次考评结果不合格者，应淘汰；

——凡连续2次考评优秀者，应换证升级，或延长资格证的有效期至7年。

附件 2　国家生猪核心育种工作记录表

No. ________

表 3　配种计划表

场：________　品种：________　日期：________年____月____日

月份	核心群(头)			扩繁群(头)		纯种猪计划销售量(头)	纯繁窝数(窝)	预计候选群体数量(头)
	母猪存栏	血缘数	更新	母猪存栏	更新			
1								
2								
3								
4								
5								
6								
7								
8								
9								
10								
11								
12								
小计								
备注								

第一联　计算机室

育种负责人：________　生产负责人：________　销售负责人：________　审核：________

No. ________

CSGIP

表 4 种猪初选登记表

场：________ 舍：________ 日期：________年____月____日

序号	耳号	性别	品种	SPI		基因检测[1]			体型综合评价	血统名称[2]
				名次	值	HAL				
1										
2										
3										
4										
5										
6										
7										
8										
9										
备注										

第一联 计算机室

测定技术人员：________ 生产技术人员：________ 审核：________

说明：[1] 基因检测为自选项，各育种场可根据自身情况调整；

[2] 早期血统名称由各场自定，随着联合育种工作的开展逐步过渡到全国统一命名。

No. ________

表 5　种猪性能测定计划表

场：________　品种：________　日期：________年____月____日

<table>
<tr><th rowspan="2">月份</th><th rowspan="2">性别</th><th colspan="2">更新(头)</th><th rowspan="2">目标选择强度(%)</th><th rowspan="2">计划始测数量(头)</th><th rowspan="2">计划终测数量(头)</th></tr>
<tr><th>核心群</th><th>扩繁群</th></tr>
<tr><td rowspan="2">1</td><td>公</td><td></td><td></td><td rowspan="24">公：
母：</td><td></td><td></td></tr>
<tr><td>母</td><td></td><td></td><td></td><td></td></tr>
<tr><td rowspan="2">2</td><td>公</td><td></td><td></td><td></td><td></td></tr>
<tr><td>母</td><td></td><td></td><td></td><td></td></tr>
<tr><td rowspan="2">3</td><td>公</td><td></td><td></td><td></td><td></td></tr>
<tr><td>母</td><td></td><td></td><td></td><td></td></tr>
<tr><td rowspan="2">4</td><td>公</td><td></td><td></td><td></td><td></td></tr>
<tr><td>母</td><td></td><td></td><td></td><td></td></tr>
<tr><td rowspan="2">5</td><td>公</td><td></td><td></td><td></td><td></td></tr>
<tr><td>母</td><td></td><td></td><td></td><td></td></tr>
<tr><td rowspan="2">6</td><td>公</td><td></td><td></td><td></td><td></td></tr>
<tr><td>母</td><td></td><td></td><td></td><td></td></tr>
<tr><td rowspan="2">7</td><td>公</td><td></td><td></td><td></td><td></td></tr>
<tr><td>母</td><td></td><td></td><td></td><td></td></tr>
<tr><td rowspan="2">8</td><td>公</td><td></td><td></td><td></td><td></td></tr>
<tr><td>母</td><td></td><td></td><td></td><td></td></tr>
<tr><td rowspan="2">9</td><td>公</td><td></td><td></td><td></td><td></td></tr>
<tr><td>母</td><td></td><td></td><td></td><td></td></tr>
<tr><td rowspan="2">10</td><td>公</td><td></td><td></td><td></td><td></td></tr>
<tr><td>母</td><td></td><td></td><td></td><td></td></tr>
<tr><td rowspan="2">11</td><td>公</td><td></td><td></td><td></td><td></td></tr>
<tr><td>母</td><td></td><td></td><td></td><td></td></tr>
<tr><td rowspan="2">12</td><td>公</td><td></td><td></td><td></td><td></td></tr>
<tr><td>母</td><td></td><td></td><td></td><td></td></tr>
<tr><td>小计</td><td></td><td></td><td></td><td></td><td></td><td></td></tr>
<tr><td>备注</td><td colspan="6"></td></tr>
</table>

第一联　计算机室

育种负责人：________　生产负责人：________　销售负责人：________　审核：________

No. ________

表 6 种猪生长性能测定记录表

场：________ 舍：________ 单位：mm、cm^2、kg

序号	栏	耳号	性别	品种	开测日期	开测体重	终测日期	终测体重	膘厚 1	膘厚 2	膘厚 3	膘厚 4	眼肌面积	采食量
1														
2														
3														
4														
5														
6														
7														
8														
备注														

第一联 计算机室

测定员：________ 记录：________ 审核：________

No. ________

表 7 体尺测定与外貌评估记录表

场：________ 舍：________ 日期：________年____月____日 单位：cm

序号	栏	耳号	性别	品种	繁殖相关			肢蹄		整体				步态评分	综合评价
					外阴	腹线	乳头	前肢	后肢	特征	背腰	体高	体宽		
1															
2															
3															
4															
5															
6															
7															
8															
备注															

第一联 计算机室

测定员：________ 记录：________ 审核：________

▶繁殖相关：有或无性状。

▶肢蹄：部分为有或无性状，部分为选择性性状。

▶整体/步态评分：选择性性状，特征为品种特征明显 C、不明显 O。

▶综合评价：特别优秀 EE、优秀 E、好 G、一般 N、差 B。

No. ________

表 8　后备种猪选留记录表

场：________　舍：________　日期：________年____月____日

序号	耳号	性别	品种	SLI		DLI		体型综合评价	是否选留
				名次	值	名次	值		
1									
2									
3									
4									
5									
6									
7									
8									
备注									

育种员：________　填表：________　审核：________

第一联　计算机室

No. ________

表 9　后备种猪配种前选择记录表

场：________　舍：________　日期：________年____月____日

序号	耳号	后备公猪			后备母猪		是否选留
		性欲评分	采精量	精液质量	发情特征	配种状态	
1							
2							
3							
4							
5							
6							
7							
8							
备注							

第一联　计算机室

育种员：________　生产技术人员：________　填表：________　审核：________

▶性欲评分：连续 2 个月观察总体评价，性欲强 E、性欲一般 N、性欲差 B。

▶采精量：连续 2 个月每周采精一次的平均值，G：≥100 mL，B：<100 mL。

▶精液质量：连续 2 个月每周采精一次的原精活力均值，G：≥0.7，B：<0.7。

▶发情特征：连续 2 个月观察总体评价，特别明显 E、一般 N、不明显 B。

▶配种状态：连续 3 个情期配种结果，第一个情期配上 G、第二个情期配上 N、第二个情期配不上 B。

No. ________

表 10　核心群种猪登记表

场：________　舍：________　日期：________年____月____日

序号	栏	耳号	性别	品种	血统名称	出生日期	出生场	父号	母号	父父号	父母号	母父号	母母号
1													
2													
3													
4													
5													
6													
7													
8													
备注													

第一联　计算机室

育种员：________　制表：________　审核：________

No. ________

表 11　种猪配种信息登记表

场：________　舍：________　日期：________　年____月____日

序号	栏	母猪号			公猪号			配种方式	配种员	返情	妊检情况（+/-）	流产	生产治疗	死亡	淘汰
		耳号	耳牌	品种	耳号	耳牌	品种								
1															
2															
3															
4															
5															
6															
7															
8															
9															
小计															
备注															

第一联　计算机室

记录：________　审核：________

（1）配种方式：人工 A、本交 N、冷冻精液 F。

（2）返情画“√”。

（3）生产治疗代码（可以多选）：P 打抗生素；Q 饲料加药；R 饮水加药；S 接种疫苗；T 消毒；W 换饲料；X 停料；Y 停水。

（4）淘汰：生产性能低 P、屡配不孕 R、高胎龄 C、肢蹄 L、疫病 E、死亡 D、其他 O。

No. ________

表 12　母猪繁殖性能与断奶登记表

场：________　舍：________　日期：________年____月____日　　单位：头、kg

序号	母猪编号			转入分娩舍	产程		是否助产	分娩窝号	活仔			死胎	木乃伊	初生窝重	寄入/寄出数(＋/－)	生产治疗	死亡	断奶		去向	
	耳号	耳牌	品种		开始时间	结束时间			合格仔	弱仔	遗传缺陷(种类/头数)							头数	窝重	转出至妊娠舍	转出至周转仓
1																					
2																					
3																					
4																					
5																					
6																					
7																					
8																					
小计																					
备注																					

第一联　计算机室

饲养员：________　　填表：________　审核：________

转入分娩舍画“√”

生产治疗代码(可以多选)：P 打抗生素；Q 饲料加药；R 饮水加药；S 接种疫苗；T 消毒；W 换饲料；X 停料；Y 停水。

缺陷：锁肛 B；杂毛 C；畸形 D；骨肥大(Gorilla legs)G；阴阳猪 H；驼背 HB；颤抖 T；八字脚 P；品种特征不明显 Q；隐睾 R；阴囊破裂 S；脐带断裂 U；阴户过小 V；多趾。

No. ________

表 13 种猪个体出生登记表

场：________ 舍：________ 日期：________年____月____日 单位：头、kg

序号	母猪号			分娩日期	仔猪耳号	性别	品种	初生重
	耳号	耳牌	品种					
1								
2								
3								
4								
5								
6								
7								
8								
备注								

测定员：________ 填表：________ 审核：________

第一联 计算机室

Ⅱ　全国生猪遗传改良计划(2009—2020)

良种是生猪生产发展的物质基础。为进一步完善生猪良种繁育体系,加快生猪遗传改良进程,提高生猪生产水平,增加养猪效益,制订本计划。

一、我国生猪遗传改良现状

20 世纪 80 年代以来,我国生猪遗传改良工作稳步推进,种猪质量明显改善,瘦肉型猪生产水平不断提高,养殖效益明显增加,养猪业得到持续稳定发展,为加快农业和农村经济结构调整、满足城乡居民猪肉产品消费和增加农民收入做出了重要贡献。

(一)积累了丰富的品种资源

我国是世界上地方猪种资源最多的国家,具备发展生猪生产得天独厚的优势,长期以来在丰富国内品种资源方面做了大量的工作。一是有效保护地方品种。农业部先后两次公布了国家级畜禽品种资源保护名录,包含了八眉猪等 34 个地方猪种;确立了第一批国家级畜禽遗传资源基因库、保护区和保种场,包括宁乡猪、荣昌猪和藏猪 3 个保护区,以及太湖猪、民猪、黄淮海黑猪等 35 个猪遗传资源保种场。各地为保护地方猪种开展了大量工作,促进了地方猪种资源的保护和开发利用。二是培育一批新品种、配套系。自 1998 年以来,苏太猪等 15 个新品种、配套系通过了国家畜禽遗传资源委员会的审定。这些新品种、配套系普遍具有适应性强、生长速度快、饲料转化率高、肉质优良等特点,在提高我国生猪生产水平和猪肉产品质量上发挥了积极作用。三是成功利用引进品种。先后从丹麦、美国、英国、瑞典、法国等国家引进了大白猪、长白猪、杜洛克猪、皮特兰猪等世界著名瘦肉型猪品种,以及 PIC、斯格等猪配套系。这些品种、配套系已基本适应我国不同地区的生态条件,为开展我国生猪遗传改良工作奠定了良好的基础。

(二)生猪良种繁育体系初步建立

改革开放以来,我国先后建设了 4 478 个原种猪场、扩繁场,在武汉、广州、重庆建立了农业部种猪质量监督检验测试中心,承担全国种猪与种公猪精液质量等监测任务。成立全国猪育种协作组,积极推进种猪测定、选育与区域性猪联合育种工作。目前,以原种场、扩繁场、种公猪站、性能测定中心(站)、遗传评估中心和质量检测中心等为主体的良种猪繁育体系初步建立。2007 年以来,国家在全国 200 个生猪主产县实施了生猪良种补贴项目,人工授精普及率明显提高,生猪品种改良工作稳步推进。

(三)生猪生产水平逐年提高

随着良种普及率的提高以及饲养管理水平的不断改善，我国生猪生产水平逐年提高。一是生猪生产稳步发展。2008 年，全国生猪存栏 4.63 亿头，出栏 6.1亿头，猪肉产量 4 620.5 万吨，分别比 1978 年增长 53.8%、278.9%和 361.4%。二是生产水平明显改善。生猪存栏率从 1978 年的 53.5% 提高到 2008 年的 131.7%，胴体重从 1980 年的 57.1 千克，提高到 76.5 千克；育肥猪出栏周期从 1978 年的 300 天左右缩短到 180 天左右；生猪配合饲料转化率与“八五”时期相比提高了 20%以上。

二、存在的主要问题

我国生猪遗传改良工作与发达国家相比仍有较大差距，对国外优良种猪依赖程度高，存在引进—退化—再引进—再退化的现象。具体表现在：

(一)育种基础工作薄弱

种猪场育种积极性不高，“重引进、轻选育”，育种基础设施设备落后，性能测定工作不规范、测定种猪数量少，品种登记没有有效开展，育种群间缺乏遗传联系。原种猪场、科研院校和技术推广部门相互协作的育种体系不完善，尚未形成系统规范的育种管理体制。

(二)种猪市场不规范

“原种场—扩繁场—商品场”繁育结构层次不清晰，没有形成纯种选育、良种扩繁和商品猪生产三者有机结合的良种繁育体系。种猪质量参差不齐，多数种猪场销售的种猪没有性能测定与遗传评估信息，无证经营和超范围经营的问题依然存在。

(三)地方猪种选育重视程度不够

由于地方猪种普遍缺乏持续选育，选育方向不能适应市场消费需求，产业化生产格局尚未形成，加之缺乏长效的资金投入机制，导致地方猪种在种猪和商品猪市场缺乏竞争力，地方猪种数量不断减少，个别甚至处于濒危状态。

三、实施全国生猪遗传改良计划的必要性

针对我国猪遗传改良方面存在的问题，为推进我国猪育种工作健康规范开

展，参考发达国家猪遗传改良的成功经验，制订和实施全国生猪遗传改良计划十分必要。

（一）有利于保障我国种猪产业安全

实施生猪遗传改良计划，开展种猪自主选育与新品种配套系培育，可以逐步改变瘦肉型种猪长期依赖国外进口的格局，提高种猪自给率，确保生猪生产平稳发展所需的种源基础，保障 13 亿多人口的猪肉消费需求；也可以减少种猪进口带来的生猪疫病传播隐患，降低动物疫病对生猪产业持续平稳发展造成的危害。

（二）有利于提高生产水平和效益

发达国家猪育种的实践表明，实施以加速重要经济性状遗传改进为目标的猪遗传改良计划是推动生猪改良最有效的手段。对生猪繁育体系的育种群进行有效改良，通过扩繁群将优秀的遗传品质迅速传递到商品猪生产中，必将使我国生猪生产水平在现有基础上有一个新的突破，从而进一步增加农民养殖收益。

（三）有利于增强我国养猪业可持续发展能力

随着生猪产业化、商品化进程的加快，养殖者对生长速度、瘦肉率、猪肉品质、饲料转化率等经济性状的关注度不断提高，对种猪质量、生产潜能的要求也越发突出，持续的遗传改良成为养猪业持续发展的重要保障。

（四）有利于满足多元化种猪和猪肉市场需求

以我国独特的地方猪遗传资源为母本的杂交利用以及用地方猪种培育的猪新品种（配套系），对于满足特定市场对优质猪肉的需求，满足不同地区和不同消费群体的消费习惯，形成多样化、优质化和特色化的猪肉产品市场将起到重要作用。

四、目标

（一）总体目标

立足现有品种资源，着力推进种猪生产性能测定，建立稳定的场间遗传联系，初步形成以联合育种为主要形式的生猪育种体系；加强种猪持续选育，提高种猪生产性能，逐步缩小与发达国家差距，改变我国优良种猪长期依赖国外的格局；猪人工授精技术加快普及，优良种猪精液全面推广应用，全国生猪生产水平明显提高；开展地方猪种保护、选育和杂交利用，满足国内日益增长的优质猪肉市场需求。

（二）主要任务

——制定遴选标准，严格筛选国家生猪核心育种场，作为开展生猪联合育种的主体力量。

——在国家生猪核心育种场开展种猪登记，建立健全种猪系谱档案。

——规范开展种猪生产性能测定，获得完整、准确的生产性能记录，作为品种选育的依据。

——有计划地在核心育种场间开展遗传交流与集中遗传评估，通过纯种猪的持续选育，不断提高种猪生产性能。

——推广普及猪人工授精技术，将优良种猪精液迅速应用到生产一线，改善生猪生产水平。

——充分利用优质地方猪种资源，在有效保护的基础上开展有针对性的杂交利用和新品种（配套系）培育。

（三）技术指标

在组建核心育种群基础上，通过对种猪性能的持续改良，核心育种群主要性能指标达到：

——目标体重日龄年保持 2％的育种进展，达到 100 kg 日龄提前 2 d；

——瘦肉率每年提高 0.5 个百分点，达 68％保持相对稳定；

——总产仔数年均提高 0.15 头；

——饲料转化率年均提高 2％。

五、主要内容

（一）遴选国家生猪核心育种场

1. 实施内容

制定国家生猪核心育种场遴选标准，结合全国生猪优势区域布局规划，采用企业自愿、省级畜牧行政主管部门审核推荐的方式，选择 100 家种猪场组建国家生猪核心育种场。

2. 任务指标

2016 年前分批完成 100 家国家生猪核心育种场的评估遴选。其中，2009—2012 年：开展国家生猪核心育种场的认证，筛选出高生产力水平的核心育种群 5 万头，配套相关育种设施设备。2013—2016 年：形成纯种基础母猪总存栏达

10 万头的国家生猪核心育种群,形成相对稳定的育种基础群体。

(二)组织开展种猪登记

1. 实施内容

全国畜牧总站建立国家种猪数据库并组织开展种猪登记,省级畜牧主管部门按照《种猪登记技术规范》(NY/T 820—2004)的要求,组织技术推广部门对本辖区内国家生猪核心育种群纯种猪进行登记,及时传送国家种猪数据库。

2. 任务指标

2016 年前完成 100 家国家生猪核心育种场在群纯种猪登记,逐步形成连续完整的种猪系谱档案,并动态跟踪种群变化情况。

(三)建立种猪性能测定体系

1. 实施内容

(1)制定种猪性能测定与遗传评估方案,测定和评估的主要性状,包括目标体重日龄、目标体重背膘厚、总产仔数,结合选育效果适时调整测定指标,有条件的种猪场可进行目标体重眼肌面积、21 日龄窝重、出生窝重、饲料转化率、利用年限、产仔间隔、体型以及胴体性能与肉质等辅助性状的测定和评估。

(2)种猪生产性能测定坚持场内测定和生产性能测定中心测定相结合,以场内测定为主要形式。

(3)逐步完善主产省种猪生产性能测定中心,加强基础设施建设与改造;种猪生产性能测定中心主要负责对本省区核心育种场种猪生产性能进行抽测、执行国家种猪质量安全监测计划,以及受核心育种场委托开展性能测定工作。

(4)全国种猪遗传评估中心负责全国种猪遗传评估工作,省级畜牧主管部门根据需要建立区域遗传评估中心,负责本区域种猪遗传评估工作,并按要求将数据上报全国种猪遗传评估中心。全国遗传评估中心依据种猪生产性能测定中心报送的抽样测定数据,进行场间性能比较,评价场内测定数据的准确性,增强场间关联度。

2. 任务指标

生猪核心育种场按照全国种猪场场内性能测定规程实施全群测定,每周将上周测定数据报全国或区域遗传评估中心。

(四)开展遗传交流与遗传评估

1. 实施内容

(1)全国遗传评估中心根据核心育种场上报的性能测定数据,会同全国猪育种协作组专家组制订场间遗传交流计划,经全国畜牧总站审核批准后组织实施。

遗传交流以种猪精液交流为主。

(2)国家生猪核心育种场应严格执行场间遗传交流计划,按要求选用其他核心育种场测定优秀的种公猪精液,开展持续性能测定和群体选育工作,建立持续的遗传联系。

(3)遗传评估中心采用多性状动物模型 BLUP 方法(模型参见《全国种猪遗传评估方案(牧站(种)[2000]60 号)》),对各地上报的性能测定数据,进行评估并将结果反馈至育种场,核心育种场以评估结果为依据选留优良种猪,在此基础上开展持续的选育改良。

(4)全国猪育种协作组专家组会同核心场育种技术人员共同制订遗传交流配种计划,配种公、母猪系谱由交流场、育种技术员和专家组同时备案。

2. 任务指标

全国遗传评估中心每季度公布一次全国遗传评估结果。

(五)种公猪站和人工授精体系

1. 实施内容

(1)根据全国生猪优势区域布局规划和国家生猪核心育种场的分布情况,完善区域性种公猪站建设;种公猪站的公猪来源于经性能测定、遗传评估优秀的公猪。鼓励核心育种场和种猪生产性能测定中心将测定评估优秀的公猪提供给种公猪站。

(2)依托国家生猪良种补贴项目,加快普及猪人工授精技术,将优良种猪精液迅速推广应用到生产中;核心育种场优良母猪通过扩繁不断地将良种母猪推广至生产中,从而带动商品猪生产水平的提升。

2. 任务指标

2020 年前,建设完善 400 个种公猪站。2015 年起,种公猪站饲养的种公猪必须经过性能测定,猪人工授精技术服务点布局合理、服务到位。

(六)地方猪种的保护、选育与利用

支持列入国家级和省级畜禽遗传资源保护名录地方猪种的保护和选育工作。充分利用和发挥我国地方猪种资源肉质、繁殖性能与适应能力等优良特性,采用杂交选育与本品种选育相结合的方法,逐步培育遗传性能相对稳定的专门化品系,鼓励有计划进行地方品种的杂交利用和参与配套系培育,满足多样化的市场消费需求。

六、保障措施

(一)建立科学完善的组织管理体系

农业部畜牧业司负总责,全国畜牧总站负责本计划的具体组织实施。省级畜牧主管部门承担本辖区内生猪遗传改良工作,具体负责区域内核心育种场的资格审查、遗传交流计划执行情况的督查和生产性能测定中心的管理,落实国家种猪质量监测任务,组织地方优良猪种资源保护、选育与开发。依托国家生猪产业技术体系,重新组建全国猪育种协作组专家组(以下简称"专家组")作为生猪遗传改良计划的主要技术力量,负责全国生猪遗传改良计划方案和场间遗传交流计划的制订、参与种猪生产性能抽测、重大技术问题的研究以及实施效果的评估等。

(二)加强国家生猪核心育种场管理

公开发布"国家生猪核心育种场"名单,接受行业监督。国家核心育种场原则上在一定时期保持相对稳定,但必须严格按规定淘汰计划实施中不合格企业。国家支持生猪核心育种场建设,生猪产业政策适当向生猪核心育种场倾斜。指定对口专家作为生猪核心育种场实施改良计划的技术支撑,在育种方案制定实施、饲养管理、疫病防控、环境治理、国内外技术交流和培训等方面提供技术指导。必要时,委托国家级种畜质检中心对场间遗传交流后代进行DNA亲子鉴定,对遗传交流的真实性实施有效监督。

国家核心育种场须按照改良计划的要求,履行好职责,确保测定数据和场间遗传联系真实性。确定专职育种技术员,具体负责种猪配种、性能测定等育种工作,及时提交育种数据。按要求定期向辖区内种猪性能测定中心送测种猪,抽样数量不少于当年该场测定总量的5%。

(三)健全种猪质量监督体系

完善农业部种猪质量监督检验测试中心,加强部级种猪质检中心软、硬件设施建设,建立部级种猪质检中心和省级种猪性能测定中心相结合的种猪质量监督体系。充分发挥种猪质检中心的作用,加强对种猪场和种公猪站种猪质量的监督检测,推进种猪场和种公猪站的规范化生产。

(四)加大生猪遗传改良计划支持力度

积极争取中央和地方财政对《全国生猪遗传改良计划》的投入,充分发挥公

共财政资金的引导作用，吸引社会资本投入，建立猪育种行业多元化的投融资机制。整合生猪育种科研和技术推广等项目，推进生猪遗传改良计划的实施。

(五)加强宣传和培训

加强对全国生猪遗传改良计划的宣传，增强对改良计划实施重要性和必要性的认识。组织开展技术培训，提高我国猪育种技术人员的业务素质。建立全国生猪遗传改良网站，促进信息交流和共享。

Ⅲ 《全国生猪遗传改良计划（2009—2020）》实施方案

为了贯彻落实《农业部办公厅关于印发〈全国生猪遗传改良计划(2009—2020)〉的通知》(农办牧[2009]55 号)精神,加快全国生猪遗传改良计划实施进程,提高我国生猪生产水平,特制定《全国生猪遗传改良计划(2009—2020)》实施方案(以下简称《实施方案》)。

一、主要任务

(一)成立工作领导小组和专家组

为保障全国生猪遗传改良计划的顺利实施,农业部畜牧业司和全国畜牧总站成立工作领导小组,指导全国生猪遗传改良计划的组织实施,成员由农业部畜牧业司和全国畜牧总站有关同志及专家组成。领导小组下设办公室,具体组织实施全国生猪遗传改良计划,执行领导小组安排的工作任务,并筹建全国种猪遗传评估中心,办公室设在全国畜牧总站牧业发展处。

为增强全国生猪遗传改良计划技术力量,重新组建全国猪育种协作组专家组(以下简称"专家组"),主要负责全国生猪遗传改良计划方案和场间遗传交流计划的制订,参与种猪生产性能抽测,重大技术问题的研究以及实施效果的评估等(附 1)。

在全国生猪遗传改良计划工作领导小组的领导下,办公室依托专家组,与省级畜牧兽医行政主管部门、技术推广机构以及种猪场紧密配合,按照全国生猪遗传改良计划的目标和内容要求,全面组织实施全国生猪遗传改良计划。

(二)遴选国家生猪核心育种场

2016 年前分批完成 100 家国家生猪核心育种场的评估遴选;到 2020 年,通过 100 家国家生猪核心育种场的持续选育,达到全国生猪遗传改良计划技术指标要求。其中,2010—2012 年遴选 50 家国家生猪核心育种场,纯种基础母猪达 5 万头。2013—2016 年再遴选 50 家国家生猪核心育种场,纯种基础母猪总存栏达 10 万头,形成相对稳定的国家生猪核心育种群。

1. 制定国家生猪核心育种场遴选标准

为规范国家生猪核心育种场申报,客观公正地遴选国家生猪核心育种场,全国畜牧总站结合我国种猪场现状,按照全国生猪遗传改良计划遴选国家生猪核心育种场总体要求,组织有关专家制定国家生猪核心育种场遴选标准(试行)(见附 2),作为申报和验收国家生猪核心育种场的条件要求和技术标准。

2. 遴选程序

遴选采取企业自愿申报、专家推荐、省级畜牧兽医行政主管部门审核上报、

专家组现场评审。经遴选符合国家生猪核心育种场标准的企业，在中国畜牧兽医信息网、全国种猪遗传评估信息网上予以公布。

(1)申请。申请国家生猪核心育种场的种猪场，需要由 2 名专家联名推荐，并填写《国家生猪核心育种场》申请表(附 3)。推荐专家至少有一位专家组成员，另外 1 名具有副高以上职称、主要从事猪遗传育种方面工作。推荐专家应详细了解申请种猪场的基本情况，并对申请表内容的真实性负责。省级畜牧兽医行政主管部门对申报材料审核签署意见后，报送至全国畜牧总站牧业发展处。申报材料一式 6 份，电子版材料传至 myc@caaa.cn，或登录全国种猪遗传评估信息网 www.cnsge.org.cn 进行填报。

(2)受理。办公室负责申请材料的形式审查，对不符合要求的材料退回申请单位所在省畜牧兽医行政主管部门，并说明不予受理原因；符合条件的材料由办公室组织专家对申请单位进行现场评审。专家组通过现场考察、核实材料、听取汇报、考核评分等方式对申请单位进行现场综合审核，形成现场审核意见。

(3)批准程序。办公室综合审核意见，报领导小组批准。经批准的国家生猪核心育种场在相关网站上公布。

(三)组织开展种猪登记

全国畜牧总站指导各地对国家生猪核心育种群纯种猪进行登记。省级畜牧兽医主管部门按照《种猪登记技术规范》(NY/T 820—2004)的要求，组织技术推广部门具体对辖区内国家生猪核心育种群纯种猪进行登记，并将登记数据及时传送全国种猪遗传评估中心。

(四)建立种猪性能测定与遗传评估体系

1. 种猪性能测定

采取场内测定为主、中心测定站测定为辅的方式，按照全国种猪性能测定规程进行种猪性能测定。

中心测定：种猪生产性能测定中心主要对各种猪场选送的公猪进行测定，并负责对本省区核心育种场种猪生产性能进行抽测。农业部种猪质量监督检验测试中心按农业部下达的种猪质量监测计划开展测定。

场内测定：核心育种场育种群的纯繁后代每窝至少测定 1 公 2 母，鼓励实施全群测定。

2. 种猪遗传评估

全国种猪遗传评估中心负责全国种猪遗传评估工作，省级畜牧兽医主管部门根据需要建立区域遗传评估中心，负责本区域种猪遗传评估工作，并将区域内核心种猪场测定数据上报全国种猪遗传评估中心。全国种猪遗传评估中心依据

核心种猪场或种猪生产性能测定中心报送的测定数据，采用多性状动物模型BLUP方法(模型参见《全国种猪遗传评估方案》)进行种猪遗传评估，核心育种场参考评估结果进行种猪选留，在此基础上开展持续的选育改良。全国种猪遗传评估中心及时在网络平台上公布评估结果，每季度公布一次全国种猪遗传评估综合分析结果，同时利用种猪生产性能测定中心和核心种猪场报送的测定数据进行场间性能比较，评价场内测定数据的准确性，评估场间关联度。联系专家协助核心育种场处理数据交流过程中可能出现的问题以及评估结果的合理利用。

国家生猪核心育种场至少每2周进行一次性能测定，并于周四前将新的测定数据上报到全国种猪遗传评估中心，全国种猪遗传评估中心于下周一将结果反馈至国家生猪核心育种场。

(五)开展遗传交流

全国种猪遗传评估中心会同全国猪育种协作组专家组、国家生猪核心育种场，根据种猪遗传评估结果制订场间遗传交流计划，经全国畜牧总站审核后组织实施。遗传交流以种猪精液交流为主。每个国家生猪核心育种场至少应与其他3个核心育种场保持持续的遗传交流。遗传交流方式主要有两种：一是直接将他场优秀种猪引入本场育种群；二是将他场优秀种公猪精液引入本场育种群。应保证有5%以上的育种群母猪用他场种公猪配种。经全国遗传评估评定最优秀的种公猪应根据场间遗传交流计划参与场间遗传交流。

联系专家会同核心场育种技术人员共同制定交流种猪的配种计划，并由本场、交流场和专家组同时备案。所在省畜牧兽医行政主管部门负责监督辖区内国家生猪核心育种场完成遗传交流工作。

(六)种公猪站和人工授精体系

根据全国生猪优势区域布局规划和国家生猪核心育种场的分布情况，2012年前选出10家种公猪站用于核心育种群的公猪精液交换。公猪站的种公猪主要来源于国家生猪核心育种场，且必须是经性能测定、遗传评估优秀的种公猪。

为推进国家生猪良种补贴项目的实施与国家生猪核心育种场纯种猪的推广，2020年前建立400家种公猪站，合理布局人工授精技术服务点，用于社会化遗传改良与生猪良种补贴工作。生猪良种补贴项目优先选用经过性能测定和遗传评估的种公猪。

二、管理措施

为推进《全国生猪遗传改良计划(2009—2020)》顺利实施,确保改良计划真正取得实效,必须加强国家生猪核心育种场的动态监管与指导。

(一)日常管理

国家生猪核心育种场实行专家联系制,办公室为每个国家生猪核心育种场委派1名专家组专家进行技术指导。国家生猪核心育种场应履行规定义务,主动开展种猪登记、性能测定及种猪选育等工作,指定一名技术人员在联系专家的指导下完成育种技术工作,每年1月15日前向办公室提交上一年度工作报告及本年度工作计划;联系专家指导所联系育种场育种群的性能测定和数据报送工作,协助育种场解决技术问题;办公室将不定期组织对国家生猪核心育种场工作情况进行检查,检查内容包括场内育种条件、数据交流、遗传交换计划执行情况等。

(二)动态监管

当国家生猪核心育种场出现下列情况之一者,取消"国家生猪核心育种场"资格,并在相关网站上予以公布:一是企业关闭或转产,不再从事种猪生产的;二是被吊销《种畜禽生产经营许可证》的;三是不配合专家组工作,不能按时完成计划任务,出现数据故意造假的情况;四是出现国家规定一类传染病的。联系专家要随时掌握所负责的国家生猪核心育种场改良计划执行情况,及时发现问题,提出解决问题的意见和建议,专家因未尽到职责出现的问题要承担责任,情节严重者取消专家组专家资格。

附1:国家生猪核心育种场遴选标准(试行)

遴选国家生猪核心育种场是实施《全国生猪遗传改良计划(2009—2020)》一项十分重要的内容。为了规范国家生猪核心育种场的遴选,确保公开、公正、公平,特制定国家生猪核心育种场遴选标准。

一、基本条件

(一)种猪场必须是原种猪场,并取得省级畜牧兽医行政主管部门颁发的《种畜禽生产经营许可证》。

(二)有专门的育种技术部门和技术人员,技术人员须经过专门的种猪性能测定技术培训。

(三)有完善的育种设施设备。

二、种群要求

(一)核心群母猪数量必须满足下列条件之一:长白猪600头以上;大白猪600头以上;杜洛克猪300头以上。

(二)种猪体型外貌符合本品种特征,无遗传缺陷和损征。

(三)种群健康状况良好,符合种用要求。

三、技术要求

(一)有明确的种猪选育方案,执行2年以上,并有年度选育工作总结报告。

(二)场内种猪性能测定制度齐全,遗传评估方法科学合理,拥有2年以上的种猪生产性能测定记录。

(三)系谱记录齐全,主要经济性状(总产仔数、达100 kg体重日龄、100 kg体重活体背膘厚)测定数据完整有效,年测定种猪2 000头以上。

附 2：

编号：

《国家生猪核心育种场》申请表

申报单位：__________

联 系 人：__________

填报日期：__________

中华人民共和国农业部制

二〇一〇年二月

填表说明

一、本表适用于国家生猪核心育种场的申报。

二、企业名称应与工商行政管理部门核发的营业执照名称一致。

三、核心群和繁殖群种猪来源指引进或自留,引进的要说明供种国家、地区(或单位)及日期。

四、统一计量单位:窝重为 kg,达 100 kg 体重日龄为天,日增重为 g,膘厚为 mm,眼肌面积为 cm^2,屠宰率、胴体瘦肉率为%。

五、胴体瘦肉率指屠宰测定的平均值。

六、种猪繁殖、生长发育与屠宰性能是指近两年来种猪生产性能测定和繁殖记录统计结果。

七、所填数据包括系谱、性能测定数据与提交至全国种猪遗传评估中心数据一致。

八、本表一式 6 份,用 A4 纸双面打印,字迹清楚,不得随意涂改。

一、申报单位基本情况

单位名称		经济性质	
法人代表		联系电话	
传　　真		电子邮箱	
注册地址		邮　　编	
建场时间		员工人数	
总 投 资		占地面积	
建筑面积		年总产值	
人员构成	总计　　人，其中：本科以上　　人、大专　　人、中专　　人		

主要机构设置		生产	育种	兽医	销售		
人员组成	人数						
	技术人员						
申报品种基本情况	品种	杜洛克猪	长白猪	大白猪			
	年产量（头）						

存栏核心群、繁殖群种猪情况								
品种		来源*	公猪（头）			母猪（头）		
			成年	后备	合计	成年	后备	合计
核心群	杜洛克猪							
	长白猪							
	大白猪							
繁殖群	杜洛克猪							
	长白猪							
	大白猪							

公猪站	□ 有 □ 无	是否独立**	□ 是 □ 否	公猪数量				
				杜洛克猪	长白猪	大白猪		

* 如果一个品种有多个来源，请分别填写。** 指公猪站是否与种猪场建设在一起。

二、企业主要管理技术人员和持证上岗人员名单

序号	姓名	性别	年龄	职称	职务	从事的业务工作及时间	何时获何工种职业证书及编号	发证机关
1								
2								
3								
4								
5								
6								
7								
8								
9								
10								
11								
12								
13								
14								
15								
16								
17								
18								
19								
20								
21								
22								
23								
24								
25								

说明：本表可加页。

三、申报单位基本情况

企业简介（内容翔实充分，文字简明扼要，应包括企业概况、生产能力、技术水平、工艺设备、质量保证体系等情况。如有获奖、通过质量体系认证须提供相应证明材料）。

注：本项可另加附页。

四、主要仪器设施设备

分类	设备名称	型号(规格)	数量(台/套)	备注
生产设备	分娩栏			
	限位栏			
	母猪电子饲喂站			
	保育栏			
性能测定设备	全自动种猪生产性能测定系统			
	A 型超声波测膘仪			
	B 型超声波测膘仪			
	电子秤			
	普通磅秤			
实验室检测仪器	酶标仪			
	PCR 仪			
	精子密度仪			
	精子活力检测仪			
其他设备	粪污处理设施			
	病死猪无害化处理设施			

注：可另加附页。

五、种猪繁殖、生长发育与屠宰性能成绩

母猪繁殖性能								
品种		合计		初生（平均）		断奶（平均）		
		头数	窝数	总产仔数	产活仔数	断奶日龄	育成仔猪数	窝重
核心群	杜洛克猪							
	长白猪							
	大白猪							
繁殖群	杜洛克猪							
	长白猪							
	大白猪							

生长发育性能（平均）								屠宰性能（平均）					
品种	测定类别	性别	头数	生长速度		100 kg活体背膘厚	30～100 kg饲料转化率	头数	屠宰体重	屠宰率	平均背膘厚	眼肌面积	胴体瘦肉率
				30～100 kg日增重	达100 kg体重日龄								
杜洛克猪	场内测定	公											
		母											
	委托检测	公											
		母											
长白猪	场内测定	公											
		母											
	委托检测	公											
		母											
大白猪	场内测定	公											
		母											
	委托检测	公											
		母											
	场内测定	公											
		母											
	委托检测	公											
		母											

六、种猪生产性能测定与产销基本情况

<table>
<tr><th rowspan="2">品种</th><th rowspan="2">年度</th><th colspan="2">生产量</th><th colspan="2">性能测定量</th><th colspan="2">种猪销售量</th><th rowspan="2">主要销往地区</th><th rowspan="2">备注</th></tr>
<tr><th>公</th><th>母</th><th>公</th><th>母</th><th>公</th><th>母</th></tr>
<tr><td rowspan="4">杜洛克猪</td><td>年</td><td></td><td></td><td></td><td></td><td></td><td></td><td></td><td></td></tr>
<tr><td>年</td><td></td><td></td><td></td><td></td><td></td><td></td><td></td><td></td></tr>
<tr><td>年</td><td></td><td></td><td></td><td></td><td></td><td></td><td></td><td></td></tr>
<tr><td>合计</td><td></td><td></td><td></td><td></td><td></td><td></td><td></td><td></td></tr>
<tr><td rowspan="4">长白猪</td><td>年</td><td></td><td></td><td></td><td></td><td></td><td></td><td></td><td></td></tr>
<tr><td>年</td><td></td><td></td><td></td><td></td><td></td><td></td><td></td><td></td></tr>
<tr><td>年</td><td></td><td></td><td></td><td></td><td></td><td></td><td></td><td></td></tr>
<tr><td>合计</td><td></td><td></td><td></td><td></td><td></td><td></td><td></td><td></td></tr>
<tr><td rowspan="4">大白猪</td><td>年</td><td></td><td></td><td></td><td></td><td></td><td></td><td></td><td></td></tr>
<tr><td>年</td><td></td><td></td><td></td><td></td><td></td><td></td><td></td><td></td></tr>
<tr><td>年</td><td></td><td></td><td></td><td></td><td></td><td></td><td></td><td></td></tr>
<tr><td>合计</td><td></td><td></td><td></td><td></td><td></td><td></td><td></td><td></td></tr>
<tr><td rowspan="4">父母代(含终端父本)</td><td>年</td><td></td><td></td><td></td><td></td><td></td><td></td><td></td><td></td></tr>
<tr><td>年</td><td></td><td></td><td></td><td></td><td></td><td></td><td></td><td></td></tr>
<tr><td>年</td><td></td><td></td><td></td><td></td><td></td><td></td><td></td><td></td></tr>
<tr><td>合计</td><td></td><td></td><td></td><td></td><td></td><td></td><td></td><td></td></tr>
<tr><td rowspan="4"></td><td>年</td><td></td><td></td><td></td><td></td><td></td><td></td><td></td><td></td></tr>
<tr><td>年</td><td></td><td></td><td></td><td></td><td></td><td></td><td></td><td></td></tr>
<tr><td>年</td><td></td><td></td><td></td><td></td><td></td><td></td><td></td><td></td></tr>
<tr><td>合计</td><td></td><td></td><td></td><td></td><td></td><td></td><td></td><td></td></tr>
<tr><td rowspan="4"></td><td>年</td><td></td><td></td><td></td><td></td><td></td><td></td><td></td><td></td></tr>
<tr><td>年</td><td></td><td></td><td></td><td></td><td></td><td></td><td></td><td></td></tr>
<tr><td>年</td><td></td><td></td><td></td><td></td><td></td><td></td><td></td><td></td></tr>
<tr><td>合计</td><td></td><td></td><td></td><td></td><td></td><td></td><td></td><td></td></tr>
<tr><td colspan="10">说明:1. 种猪产销数量以获得种畜禽经营许可证有效期限内分年填写。2. 性能测定量是指系谱记录完整,有达 100 kg 体重日龄、100 kg 体重背膘厚测定成绩,并在全国种猪遗传评估信息网备案。3. 销售地区指县(区)以上地区。</td></tr>
</table>

七、申报单位承诺及专家推荐意见

<table>
<tr><td>申报单位承诺</td><td colspan="4">本单位郑重承诺严格按照《全国生猪遗传改良计划（2009—2020）》及其实施方案的要求，加强与联系专家的沟通与交流，保质保量完成种猪性能测定工作，及时上报数据，保证上报数据真实可靠，保证按计划和要求开展场际间遗传交流。
特此承诺！
承诺单位（签名/盖章）：
年　月　日</td></tr>
<tr><td rowspan="2">推荐专家</td><td>姓名</td><td>1</td><td>2</td><td>3</td></tr>
<tr><td>联系电话</td><td></td><td></td><td></td></tr>
<tr><td>种群状况评价</td><td colspan="4">推荐专家签名：
年　月　日</td></tr>
<tr><td>总体评价</td><td colspan="4">推荐专家签名：
年　月　日</td></tr>
</table>

八、主要管理制度、操作规程及技术材料

序号	制度或附件名称	主要内容
1	种畜禽生产经营许可证(省级)	
2	企业工作总结与规划	包括企业经营理念、持续从事种猪经营能力、辐射能力及中远期规划等
3	总体布局平面图	可反映不同功能区划分情况
4	环保与污水处理情况	附相关证件
5	不同品种育种方案(含测定方案)	
6	种猪饲养管理等相关技术规程	
7	防疫规程	须附动物防疫合格证复印件
8	其他相关证明材料	

九、省级畜牧兽医主管部门审核意见

<table>
<tr><td rowspan="3">《种畜禽生产经营许可证》发放情况</td><td>发证单位</td><td></td></tr>
<tr><td>编　　号</td><td></td></tr>
<tr><td>有 效 期</td><td></td></tr>
<tr><td>省级畜牧兽医主管部门审核意见</td><td colspan="2">盖章　　　年　　月　　日</td></tr>
</table>

附 录

附录1　国家生猪核心育种场管理办法(试行)

[牧站(牧)[2011]28号]

第一条　国家生猪核心育种场(以下简称“核心场”)是开展全国生猪联合育种的主体。为规范核心场管理,根据《全国生猪遗传改良计划(2009—2020)》(农办牧[2009]55号)、《全国生猪遗传改良计划(2009—2020)》实施方案(农办牧[2010]10号),制定本办法。

第二条　按照国家生猪遗传改良计划要求,核心场与联系专家共同制订本场种猪选育方案和育种工作实施计划,并报全国生猪遗传改良计划工作领导小组办公室(以下简称“办公室”)备案,办公室设在全国畜牧总站牧业发展处。

第三条　核心场要系统开展种猪登记、种猪性能测定、种猪育种值估计和选种选配等育种基础性工作,技术档案完整、准确。

(一)按照《种猪登记技术规范》(NY/T 820—2004)要求进行种猪登记。

(二)核心群每窝纯繁后代至少有1公、2母开展完整的生产性能测定(体重达100 kg),有条件的实施全群测定;年测定种猪2 000头以上。

(三)按照种猪生产流程,每周将相关育种数据及时上传至全国种猪遗传评估中心,包括配种、分娩等繁殖性能记录,生长性能测定记录,种猪选留淘汰记录等。

(四)核心场性能测定记录、选种选配记录等原始技术档案应与电子记录相对应,上传全国种猪遗传评估中心的数据与场内生产记录相一致。

第四条　按照全国生猪遗传改良计划及实施方案的要求,参与建立场间遗传联系工作。

(一)自建或参与建立相对独立的种公猪站,基础设施设备符合种猪精液生产要求。

(二)按照场间遗传交流计划,为其他场提供指定的遗传交流公猪精液,并提供完整的信息资料。

(三)按照场间遗传交流计划,选配其他场的种公猪或精液。

(四)协助采集核心群种猪DNA样品。

第五条　核心场于每年1月15日前将上年度育种工作总结报送办公室。主要内容包括:

(一)群体结构与数量;

（二）种猪育种进展情况；

（三）种猪生产性能测定情况；

（四）跨场间遗传交流计划执行情况；

（五）场内技术人员情况，开展技术培训与种猪推广情况；

（六）存在的主要问题、改进措施和建议。

第六条　核心场实行专家联系制，由办公室委派一名联系专家进行技术指导，核心场应积极配合联系专家工作，并为联系专家提供必要的现场工作条件。

第七条　核心场变更单位名称、地址、生产经营范围，停业、转产等，应当及时报办公室备案。

第八条　核心场可经授权使用“国家生猪遗传改良计划”标识，用于种猪生产、销售和宣传推广。

第九条　优先享受全国生猪遗传改良计划相关政策、资金和技术支持，优先使用遗传交流优秀公猪精液。

第十条　有维护本场自主知识产权的权利，包括种猪产品、育种方案、原始材料与数据、科技成果等。

第十一条　在农业部畜牧业司指导下，全国畜牧总站负责具体组织管理、监督全国生猪遗传改良计划实施，专家组负责核心场的技术服务与指导。

第十二条　省级畜牧技术推广机构会同联系专家，共同负责本行政区域内核心场的技术指导工作。

第十三条　办公室不定期检查核心场工作，包括场内育种条件、数据交流、遗传交换计划执行情况等。

第十四条　有下列行为的，取消核心场资格：

（一）在种猪登记、性能测定、种猪遗传交流过程中出现严重过失或人为造假情节的；

（二）不按时提交育种数据及年度育种工作总结，情节严重的；

（三）变更单位名称、地址、生产经营范围，未在办公室备案的；

（四）不履行本办法第三条、第四条规定事项，情节严重的。

第十五条　本办法由全国畜牧总站负责解释。

第十六条　本办法自颁布之日起施行。

附录 2　国家生猪核心育种场遴选程序(试行)

一、形式审查

由全国生猪遗传改良计划领导小组办公室(以下简称“办公室”)进行形式审查,审查内容:1. 单位名称与《种畜禽生产经营许可证》一致;2. 核心猪群母猪数量:长白猪 600 头以上,或大白猪 600 头以上,或杜洛克猪 300 头以上;3. 连续两年测定种猪数量 2 000 头以上,全部的系谱记录和测定数据必须上传至国家种猪遗传评估中心。其他有关审查内容见材料 1。

二、数据审查

由全国种猪遗传评估中心出具数据审查报告,报告内容:前两年生长性能测定数据、繁殖性能测定数据(分列上报数据、有效数据),数据异常情况,历史数据与现在数据对比报告。

三、材料函审

函审资料包括:1. 企业申报材料电子版(重点审查育种方案、育种工作总结);2. 数据审查报告;3. 企业提交的生长、繁殖性能测定数据。函审资料由 5 位专家组成员单独进行评审。函审要求及标准见材料 2。

函审专家安排基本原则:1. 推荐专家不审被推荐猪场的申报材料;2. 本省、直辖市及自治区专家原则上不审本省、直辖市及自治区猪场的申报材料;3. 考虑地域等因素,采用不同区域专家混搭模式。

函审通过原则:超过 3 名(含 3 名)专家同意,则申报企业可进入现场评审程序。函审意见经办公室综合后,发给现场评审小组组长。

四、现场评审

由专家小组进行现场审查,每个小组由 3 名专家组成,其中 1 名为组长,组长及组员按要求填写现场评审表,评审表不填写评审结论。函审专家原则上不

参加被函审猪场的现场评审，现场评审专家组组长由办公室随机选取。现场评审的内容及表格见材料 3。

五、投票表决

在专家组表决会上，首先由专家小组组长汇报，另外 2 位专家补充说明，其他专家质疑和讨论。最后进行专家组投票表决。专家组投票表决原则如下：(1)出席会议的专家不少于全体成员 2/3；(2)表决采取无记名投票方式；(3)同意票数超过到会专家数 2/3 的猪场通过国家生猪核心种猪场评审。

六、公告

经评审通过的猪场，由办公室整理有关材料，报农业部批准公告。未通过评审的猪场，由办公室将意见以书面形式反馈给猪场所在省(自治区、直辖市)畜牧主管部门。

材料 1 ________年度国家核心种猪场申请书形式审查明细表

申报书		
1	国家核心种猪场申请书为生猪遗传改良计划实施方案规定表格	□
2	最终提交的申请书的纸质材料和电子文档一致	□
3	申请书纸质文件一式 6 份	□
4	单位名称与《种畜禽生产经营许可证》一致	□
5	核心猪群:长白猪 600 头以上;大白猪 600 头以上;杜洛克猪 300 头以上	□
6	人员:有 2 名经省(市)级技术部门考核合格的种猪测定技术员	□
7	申报单位基本情况真实、无漏项	□
8	具备性能测定基本设备:测膘仪、电子秤,且经过检定	□
9	年测定种猪 2 000 头以上,全部的系谱记录和测定数据必须报送国家种猪遗传评估中心	□
10	申报单位承诺及单位公章	□
11	2 名推荐专家签字,其中至少一名为专家组成员,另外一名为副高及以上职称,主要从事猪育种	□
12	省级畜牧兽医主管部门审核意见及盖章	□
附件材料		
13	种畜禽生产经营许可证:与申报单位名称一致,经营范围、有效期均符合	□
14	防疫程序:动物防疫合格证复印件	□
15	环保与污水处理情况:有环保部门证书	□
16	企业工作总结与规划、总体布局平面图、不同品种育种方案(含测定方案)、种猪饲养管理等相关技术规程:不得缺项	□

审核人签名________ 日期________

形式审查意见______________________________(符合或不符合)

注:请逐项认真审查项目申请书撰写情况,并在相符栏目"□"处画√,与本项目不符的项画×。

材料 2 国家生猪核心育种场遴选材料函审专家意见书

<table>
<tr><td colspan="2">申报单位：</td></tr>
<tr><td colspan="2">所属省份：</td></tr>
<tr><td rowspan="10">评审要点</td><td>1. 测定数据量是否符合逻辑（种猪登记数量、生长测定数量、繁殖性能是否匹配；各种测定数据申请表填报的与上传到数据库的统计数是否一致；种猪生产性能测定日期、数据是否符合逻辑；对上年曾申报的单位，要重点核查二次申报数据的差异。）</td></tr>
<tr><td></td></tr>
<tr><td>2. 育种方案是否科学合理，育种工作总结与育种方案是否有关联，是否有中长期育种规划。</td></tr>
<tr><td></td></tr>
<tr><td>3. 该单位是否具备开展联合育种的基础：包括人员素质、仪器设备、生产管理、种群质量。</td></tr>
<tr><td></td></tr>
<tr><td>4. 核心群的规模多大，群体质量如何（达 100 kg 活体背膘厚、达 100 kg 日龄，总产仔数）。</td></tr>
<tr><td></td></tr>
<tr><td>5. 其他。</td></tr>
<tr><td></td></tr>
<tr><td>评审结论：</td><td>同意（　　　）　　　　不同意（　　　）</td></tr>
</table>

评审人签字：　　　　　　　　　评审日期：

材料 3　现场评审要求

1. 被评审企业按评审表要求准备所有材料和 ppt，备查。

2. 各种育种相关工作程序，育种计划，总结等文字材料。

3. 现场抽查内容（建议进场时间控制在一天内，如果公猪站是独立单位，可分两个半天进场）。

（1）抽查猪舍数量及类型：1 栋母猪舍，1 栋测定舍，1 栋公猪舍。

（2）抽查内容：主要是从育种场到数据库的核对，包括猪耳号、产仔记录、测定记录。

（3）现场测定仪器设备检查：重点是称重和背膘测定设备。

（4）现场性能测定：包括人员比对和自身测定数据比对（2 人，每人 3 头，每头间隔测定 2 次），观察测定效率和结果合理性。

（5）现场育种软件使用，猪场育种技术人员按照其日常程序执行育种软件的操作，包括测定数据录入、数据分析、现场种猪选留等。同时备份本单位育种实际使用的育种数据库，交专家组组长。

（6）母猪卡片现场抽查：记录在群使用母猪 50 头的耳号，与遗传评估中心数据库及本地数据库核对。

（7）公猪站重点核查全部公猪的系谱记录、性能测定记录是否完整。

4. 认真填写系谱档案抽检、生长测定记录抽检、分娩/配种记录抽检、分娩母猪留种记录抽检、配种公猪留种记录抽检等表格。

5. 如果上一年申报，要核对两年申报数据差别（随机抽 50 条数据）。

6. 专家组汇总现场审核表。

7. 专家与被评审方交流。

提示：专家需携带计算机、格式化的 U 盘、照相机等。

任务编号________

国家生猪核心育种场现场评审表(试行)

申报企业名称：______________________（公章）______

企业注册地址：________________________________

企业生产地址：________________________________

联 系 电 话：________________________________

传 真：________________________________

电 子 邮 件：________________________________

联 系 人：________________________________

填 报 日 期：__________________年　　月　　日______

中华人民共和国农业部

二〇一二年五月

填写说明

一、此表由农业部统一制定。

二、本表由现场审核专家组成员填写。

三、填报内容应客观真实，不得随意涂改。

考核说明

一、现场审核专家组由3名全国猪联合育种协作组专家组成员组成。

二、现场审核专家组成员必须高效廉洁、客观公正、严守秘密，维护现场审核工作的科学性、公正性和权威性。

三、现场审核专家组采取现场察看、审阅资料、听取汇报等方式进行。

国家生猪核心育种场现场评审汇总表

<table>
<tr><th colspan="2">考核项目</th><th>分数</th><th>得分</th><th>分数计算</th></tr>
<tr><td rowspan="4">一、概况</td><td>机构设置</td><td>1 分</td><td></td><td rowspan="8">考评项目分数累积</td></tr>
<tr><td>种猪场设计与设备</td><td>4.5 分</td><td></td></tr>
<tr><td>管理制度</td><td>3 分</td><td></td></tr>
<tr><td>环保设施</td><td>3 分</td><td></td></tr>
<tr><td rowspan="2">二、种群及人员</td><td>种群概况</td><td>6.5 分</td><td></td></tr>
<tr><td>人员素质</td><td>10 分</td><td></td></tr>
<tr><td rowspan="2">三、测定及交流</td><td>种猪测定与选育</td><td>20 分</td><td></td></tr>
<tr><td>种猪遗传交流与推广</td><td>4 分</td><td></td></tr>
<tr><td rowspan="6">四、抽查</td><td>现场测定抽检</td><td>8 分</td><td></td><td>8 分×(1－自身测定平均差)×(1－人员测定平均差)×测定时间权重</td></tr>
<tr><td>系谱档案抽检</td><td>10 分</td><td></td><td>50×0.2</td></tr>
<tr><td>生长测定记录抽检</td><td>10 分</td><td></td><td>50×0.2</td></tr>
<tr><td>分娩/配种记录抽检</td><td>10 分</td><td></td><td>50×0.2</td></tr>
<tr><td>分娩母猪留种记录抽检</td><td>8 分</td><td></td><td>40×0.2</td></tr>
<tr><td>配种公猪留种记录抽检</td><td>2 分</td><td></td><td>10×0.2</td></tr>
<tr><td colspan="2">总分</td><td>100 分</td><td></td><td></td></tr>
<tr><td colspan="5">说明：现场评审采取评分制度，总计 100 分，评分方式采取查询文件、现场询问、现场检查、现场测定抽检、数据的档案记录抽检几部分组成。其中查询文件、现场询问、现场检查占总分 52%(52 分)。测定操作抽检、数据档案记录抽检占总分的 48%(48 分)，实操测定抽检 8 分，数据档案抽检 40 分(系谱档案抽检 10 分，生长测定记录抽检 10 分，分娩/配种记录抽检 10 分，分娩母猪留种记录抽检 8 分，配种公猪留种记录抽检 2 分)。</td></tr>
<tr><td colspan="5">专家组组长签字：
年　　月　　日</td></tr>
</table>

<table>
<tr><td rowspan="4">专家组成员</td><td>姓名</td><td>职务或职称</td><td>工作单位</td><td>签字</td></tr>
<tr><td></td><td></td><td></td><td></td></tr>
<tr><td></td><td></td><td></td><td></td></tr>
<tr><td></td><td></td><td></td><td></td></tr>
<tr><td colspan="2">现场审核时间</td><td colspan="3">年　　月　　日至　　年　　月　　日</td></tr>
<tr><td>领导小组审核意见</td><td colspan="4">（章）
年　　月　　日</td></tr>
<tr><td rowspan="5">申报情况</td><td>年度</td><td colspan="3">申报情况</td></tr>
<tr><td></td><td colspan="3"></td></tr>
<tr><td></td><td colspan="3"></td></tr>
<tr><td></td><td colspan="3"></td></tr>
<tr><td></td><td colspan="3"></td></tr>
</table>

国家生猪核心育种场现场评审表(一)

考核项目	考核细目	考核内容	考核方式	记录	分数	得分
必备项目		位于法律法规明确规定的禁养区以外,符合当地城镇发展规划和土地利用规划要求	现场查看、查阅文件		任一必备项目不符,则终止现场评审	
		核心猪群基础母猪数:长白猪 600 头以上;大白猪 600 头以上;杜洛克猪 300 头以上	现场查看			
		种猪个体或双亲经过性能测定,主要经济性状,即总产仔数、达 100 kg 体重日龄、100 kg 体重活体背膘厚的 EBV 值资料齐全,年测定有效记录 2 000 头以上	现场查看			
一、企业概况	(一)机构设置	1. 有机构设置文件	查阅文件		0.5	
		2. 有部门负责人的人员任命书(包括企业负责人)	查阅文件		0.5	
	(二)种猪场设计与设备	1. 通风良好,给排水相对方便	现场查看、查阅文件		1	
		2. 生产区、生活区、污水处理区、病死猪处理区要相对分开,车辆消毒通道,清洁道和污染道分开,互不交叉	现场查看		0.5	
		3. 猪舍面积符合相应类别猪群饲养密度要求,采取相应保温隔热、通风设施与设备,是否具有测定种猪饲养舍或饲养区域	现场查看		1	
		4. 生产设备齐全、完好,能满足生产需要。配备相应数量要求的分娩床、定位栏、保育床等生产性能设备,供水、供电、通风设备安全可靠	现场查看		1	
		5. 配备相应的种猪性能测定设备如称重设备、膘厚测定设备等	现场查看		1	
	(三)管理制度	1. 各阶段饲养管理,防疫,测定,选育制度健全,规范、可行,执行良好	查阅文件		1	
		2. 生产记录档案齐全、查阅方便、管理规范,采用软件管理,统计,分析生产数据档案	查阅文件		1	
		3. 有 3 年以上的种猪疾病监测报告,档案记录完整	查阅文件		1	
	(四)环保设施	1. 实施雨污分离,有污水排放、粪便堆放及无害化处理设施,污水和粪便进行集中处理,处理能力、有机负荷和处理效率根据建场规模计算和设计	现场查看		1	
		2. 有病死猪无害化处理设施及相应规程	现场查看		1	
		3. 粪污无害化处理工艺合理,符合当地自然地理条件,污水达标排放	现场查看		1	

国家生猪核心育种场现场评审表(二)

考核项目	考核细目	考核内容	考核方式	记录	分数	得分
二、种群质量与人员要求	(一)种群概况	1. 生产经营的种猪为通过国家畜禽资源委员会审定或鉴定的品种、配套系,或者是经批准引进的境外品种、配套系	查阅文件		1	
		2. 种猪来源于有《种畜禽经营许可证》的种猪场,或近年内直接从国外引进的种猪,血缘清楚,档案系谱记录齐全。种猪体型外貌符合本品种特征,无遗传疾患	查阅文件		1.5	
		3. 经有资质的省级及省级以上种猪监督检验测试中心进行监测	查阅文件		2	
		4. 种群健康性能良好,符合《动物防疫法》要求,并经法定动物防疫机构检验合格,取得动物防疫合格证,制订免疫规程,执行良好。无重大传染性疾病,经相关部门完成血样检测	查看证书		1	
		5. 杜洛克猪、长白猪与大白猪种猪生长性能,繁殖性能,胴体品质应达到GB 22285—2008《杜洛克猪种猪》、GB 22283—2008《长白猪种猪》与 GB 22284—2008《大约克夏猪种猪》的要求	现场查看		1	
	(二)人员素质	1. 企业负责人,管理人员与技术操作人员熟悉《中华人民共和国畜牧法》及相关法规	交谈		1	
		2. 企业负责人,管理人员与技术操作人员具有畜牧兽医专业大专以上文化程度或中级以上技术职称,专职从事该工作两年以上,熟悉种猪选育、防疫、生产管理,饲养技术规程,具有相应的专业知识、生产经验及组织能力	查阅文件、交谈		1	
		3. 有专职育种部门,专职育种管理人员与技术操作人员,专职从事该工作两年以上,具有专业理论基础,丰富的种猪选育经验、现场操作经验及组织能力	交谈,观看育种软件演示		4	
		4. 种猪测定员至少 2 人持证上岗且掌握本岗位的基本知识和技能,防疫员应具备畜牧兽医专业大专以上文化程度	查阅文件		2	
		5. 核心群饲养技术人员具备中专以上学历,专职从事工作 2 年以上,具备一定饲养管理实践经验	查阅文件,交谈		2	

国家生猪核心育种场现场评审表(三)

考核项目	考核细目	考核内容	考核方式	记录	分数	得分
三、种猪选育要求	(一)种猪测定与选育	1. 育种方案:有场内切实可行种猪选育方案,育种目标明确,执行2年以上,并报省畜牧兽医局备案。随着育种工作开展是否定期修定育种方案,合理调整育种目标	查阅文件,交谈		2	
		2. 测定规程:场内种猪性能测定制度切实可行,测定环境、测定人员、饲料等相对一致,场内测定工作正常有序,执行2年以上,随着测定工作开展逐步完善测定方案	查阅文件		2	
		3. 测定方式与方法:各性状指标测定方式、方法规范,测定与数据档案记录准确,数据档案保存完整,查阅方便、管理规范	查阅文件		2	
		4. 数据记录与分析:定期对数据档案做录入、整理、校验,统计,分析,开展遗传评估,是否将遗传评估结果应用到种猪选育中,是否有遗传评估记录,留种记录,种猪淘汰记录	查阅文件		3	
		5. 种猪选配、选种与记录:是否有完善可行的种猪选配计划与选配记录,将遗传评估结果应用到种猪选育选配计划	现场查看、查阅文件		3	
		6. 人员配置:育种主管,性能测定与数据记录人员,数据整理与分析人员配置齐全,分工明确,人员保持稳定,具备一定时间的工作经验积累	查阅文件,交谈		2	
		7. 工作总结:定期做育种工作总结,年度育种工作报告,并根据实际情况调整育种方案,育种目标,测定规程,选配计划等。同时将年度育种工作总结报省畜牧兽医局备案	查阅文件		3	
		8. 上报至全国种猪遗传评估中心数据档案与育种软件记录及原始档案记录是否保持一致	查阅文件		3	
	(二)种猪遗传交流与推广	1. 种猪登记:按要求进行良种猪登记,积极参与区域性猪联合育种工作	查阅文件		2	
		2. 种猪推广工作正常有序,纯种猪严格执行测定、评估结束后才销售的规定,销售的种猪符合国家种质标准	查阅文件		2	

文件编号 LX－11

国家生猪核心育种场现场评审表(四)

种猪结测体重与背膘厚测定记录表

序号	个体耳号	测定员/证书号	第一次测值（体重/背膘）	第二次测值（体重/背膘）	测定用时	设备型号		备注
1	1							
2	2							
3	3							
4	1							
5	2							
6	3							
7								
8								
9								

评审员/技术专家签字：＿＿＿＿＿＿＿＿ 日期：＿＿＿＿

填表说明：1.“试验设备”应填写设备名称及设备编号，如现场试验使用的仪器设备与申请书中的描述不一致时，需在“备注”栏内说明。

2.“人员比对”要求不同人员使用同一仪器检测同样 3 头猪，“自身比对”要求一人用同一台仪器对同一头猪检测二次，测定三头猪。

3.时间权重，每头平均用时小于 3 分钟 100%，3 分 1 秒至 5 分钟为 90%，5 分 1 秒至 7 分钟为 80%，7 分 1 秒至 9 分钟为 70%，大于 9 分钟为 60%。（测定时间：从猪进测定栏到测定数据读出之间）

4.分数计算：实际得分＝8 分×(1－自身测定平均差)×(1－人员测定平均差)×测定时间权重

国家生猪核心育种场现场评审表(五)
系谱记录抽查表(从现场到数据库)

申报单位:________________

序号	耳号	父号		母号		是否在评估中心数据库	是否在本地育种软件
		耳号	是否在群	耳号	是否在群		
1							
2							
⋮							
48							
49							
50							

＊说明:随机抽取种猪场种猪号牌与上传到评估中心前两年种猪系谱档案,进行对比核查,父母号、本地及评估中心数据库数据,只要有一项不符合,则视该条记录为不符合。

抽查结果:符合项________条,不符合项________条,得分:________(符合项×0.2)

评审专家:　　　　　　日期:______年____月____日

国家生猪核心育种场现场评审表(六)

生长测定记录抽检表

申报单位：____________________

序号	种猪 ID	评估中心数据库记录					对比育种软件记录	对比原始记录
		性别	出生日期	结测日期	结测日龄	结测体重		
1								
2								
3								
4								
5								
⋮								
48								
49								
50								

*说明：随机抽取种猪场上传的前两年生长测定记录，将评估中心的记录与场内育种软件和原始记录进行对比核查，只要有一项不符合，则视该条记录为不符合。

抽查结果：符合项__________条，不符合项__________条，得分：__________(符合项×0.2)

评审专家：　　　　　　　　　　日期：______年____月____日

国家生猪核心育种场现场评审表(七)
母猪分娩记录抽检表

申报单位：________________________

序号	种猪 ID	评估中心数据库记录						对比育种软件记录	对比原始记录	分娩母猪或与配公猪是否在群
		出生日期	胎次	配种日期	与配公猪	分娩日期	总仔数			
1										
2										
3										
⋮										
41										
42										
43										
44										
45										
46										
47										
48										
49										
50										

* 说明：随机抽取种猪场上传的前两年分娩记录，将评估中心的记录与场内育种软件和原始记录进行对比核查，只要有一项不符合，则视该条记录为不符合。

抽查结果：符合项__________条，不符合项__________条，得分：__________(符合项×0.2)

评审专家：　　　　　　　　　　　　　　　　日期：________年____月____日

国家生猪核心育种场现场评审表(八)

留种母猪抽检表

申报单位：________________

序号	种猪 ID	出生日期	当前胎次	是否有生长性能测定记录	是否有遗传评估结果	是否有留种记录	是否在群	如离群，是否有离群记录
1								
2								
⋮								
37								
38								
39								
40								

* 说明：表中为在评估中心数据库中该场近两年出生的母猪，若缺少生长测定记录、遗传评估结果、留种记录其中一项，则视该条记录为不符。

抽查结果：符合项________条，不符合项________条，得分：________(符合项×0.2)

评审专家：　　　　　　　　　　日期：______年____月____日

国家生猪核心育种场现场评审表(九)

留种公猪抽检表

申报单位:____________________

序号	种猪 ID	出生日期	最近配种日期	是否有生长性能测定记录	是否有遗传评估结果	是否有留种记录	是否在群	如离群,是否有离群记录
1								
2								
3								
4								
5								
6								
7								
8								
9								
10								

* 说明:表中为在评估中心数据库中该场近两年出生的有配种记录的公猪,若缺少生长测定记录、遗传评估结果、留种记录其中一项,则视该条记录为不符。

抽查结果:符合项__________条,不符合项__________条,得分:__________(符合项×0.2)

评审专家:　　　　　　　　　　　　日期:________年____月____日

附录3 全国生猪遗传改良计划大事记

2010 年

1. 2010 年 3 月，农业部办公厅印发《〈全国生猪遗传改良计划（2009—2020）〉实施方案》。

2. 2010 年 4 月、6 月、8 月分别召开了三次全体专家组会议，讨论国家生猪核心育种场遴选程序、国家生猪核心育种场管理办法、集中开展国家生猪核心育种场申报材料函审。

3. 2010 年 9—10 月开展国家生猪核心育种场现场评审。

4. 2010 年 10 月、11 月，农业部办公厅分两批公布 2010 年入选的 24 家国家生猪核心育种场。

5. 2010 年 10 月，《全国种猪遗传评估信息网用户手册》出版发行。

6. 2010 年 12 月，国家生猪核心育种场授牌仪式在重庆举行，同时为全国猪联合育种协作组专家组成员颁发聘书，确定国家生猪核心育种场的联系专家。

2011 年

1. 2011 年 3 月，全国畜牧总站组织制定了《国家生猪核心育种场管理办法（试行）》。

2. 2011 年 3 月、6 月、10 月分别在武汉、广州举办 3 期种猪性能测定员培训班，共培训学员 200 余人。

3. 2011 年 6 月，国家生猪核心育种场技术交流会在南宁召开，24 家核心育种场汇报了近一年来的工作进展，各自的联系专家进行了点评。

4. 2011 年 7 月，《全国种猪性能测定员培训教材》出版发行。

5. 2011 年 11 月，农业部办公厅公布 2011 年入选的 13 家国家生猪核心育种场。

6. 2011 年 12 月，国家生猪核心育种场授牌仪式在武汉举行，《国家生猪核心育种场育种方案（第一版）》、《国家生猪核心育种场育种手册（第一版）》正式印发。

7. 2011 年 12 月，全国种猪遗传评估中心建设项目获农业部批准。

2012 年

1. 2012 年 2 月，农业部办公厅公布 2011 年部分国家生猪核心育种场种公猪

生产性能测定结果。

2.2012年3月、9月和10月在武汉、重庆举办了3期种猪性能测定员培训班，共培训学员200余人。

3.2012年4月，全国种猪遗传评估中心建设项目初步设计获批。

4.2012年5月，全国猪联合育种协作组专家组工作会议召开，讨论通过了《国家生猪核心育种场遴选程序（试行）》，《2012年国家生猪核心育种场督导检查方案》，《全国猪联合育种协作组专家组新增成员名单》。

5.2012年6月，国家生猪核心育种场技术交流会在株洲召开，2011年新增的13家核心育种场汇报了近一年来的工作进展，专家组成员进行了点评。

6.2012年10月，农业部办公厅公布2012年入选的19家国家生猪核心育种场。

附录4　全国生猪遗传改良计划框架示意图

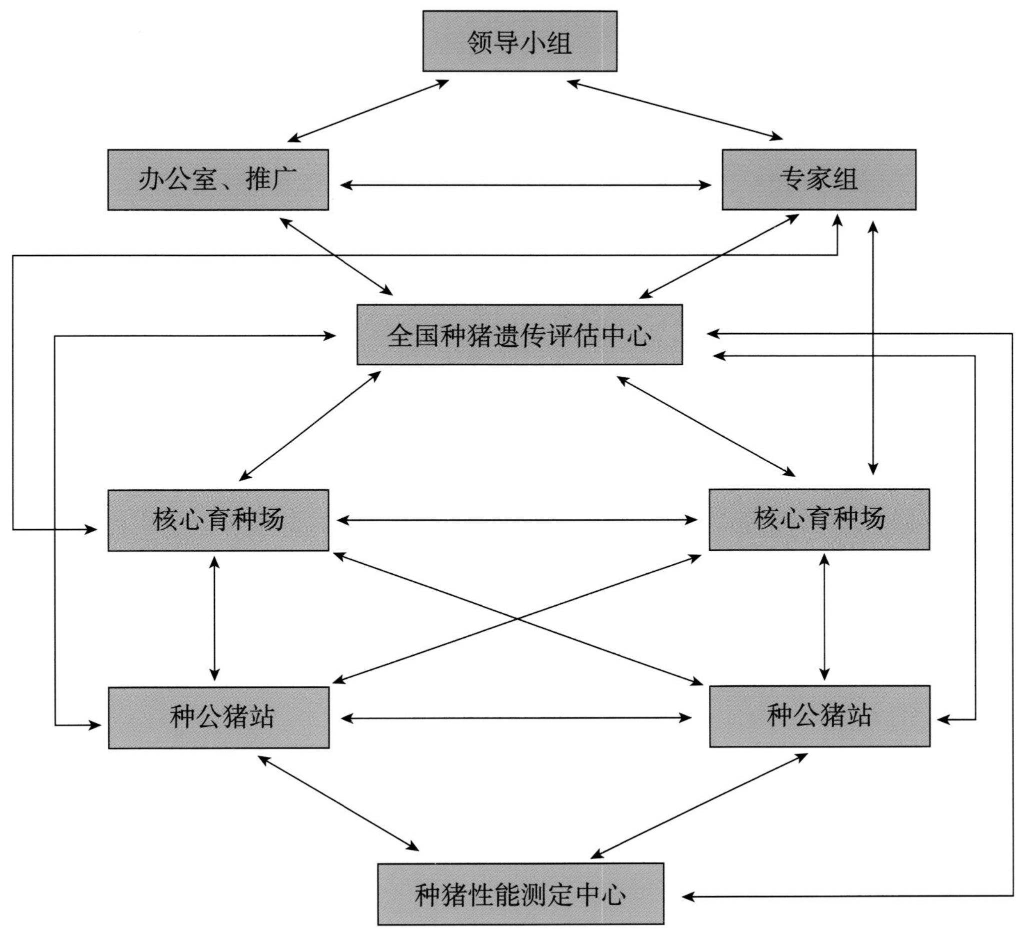

职能

一、领导小组

指导全国生猪遗传改良计划的组织实施。

二、办公室

1.具体组织实施全国生猪遗传改良计划；

2. 执行领导小组安排的工作任务；

3. 筹建全国种猪遗传评估中心；

4. 协调领导小组、专家组、遗传评估中心、核心场、种公猪站、种猪测定中心之间的关系；

5. 组织开展技术培训等。

三、省级畜牧技术推广机构

1. 具体组织实施本省生猪遗传改良计划；

2. 执行领导小组、办公室安排的工作任务；

3. 筹建省级种猪遗传评估中心、种猪测定中心；

4. 协调办公室、专家组、遗传评估中心、核心场、种公猪站、种猪测定中心之间的关系；

5. 组织开展本省技术培训等。

四、专家组

1. 主要负责全国生猪遗传改良计划方案和场间遗传交流计划的制订；

2. 参与种猪生产性能抽测；

3. 重大技术问题的研究以及实施效果的评估；

4. 发挥好核心场联系专家作用等。

五、全国种猪遗传评估中心

1. 接收核心场、种公猪站、种猪测定中心提交的数据，并为他们提供技术支持和遗传评估服务；

2. 为领导小组、办公室、专家组提供核心场每月数据分析报表；每个季度为社会提供种猪遗传评估报告；

3. 在专家组的支持下，完善中国种猪遗传评估参数设置；

4. 开发、完善全国种猪遗传网站；

5. 配合办公室、专家组开展国家生猪核心育种的遴选和督导检查；

6. 协助办公室筹办中国种猪登记事宜；评估核心场种猪测定准确性等。

六、国家种猪核心育种场

1.按照《国家生猪核心育种场管理办法(试行)》,开展种猪登记、性能测定、遗传评估、遗传交流等工作;

2.将优秀种猪送达种公猪站,用于遗传交流;按要求将优秀种公猪送达种猪中心,用于抽测等。

七、种公猪站

做好生物安全,饲养优秀种公猪,制作合格精液产品,用于人工授精等。

八、种猪测定中心

1.抽测核心场种猪性能;

2.培训种猪测定人才等。

附录 5 国家生猪核心育种场联系专家

序号	国家生猪核心育种场	联系专家
1	广东华农温氏畜牧股份有限公司	陈瑶生
2	中山市白石猪场有限公司	
3	广西扬翔农牧有限责任公司	
4	河北裕丰京安养殖有限公司	张勤
5	安徽省安泰种猪育种有限责任公司	
6	北京六马养猪科技有限公司	
7	安徽长风农牧科技有限公司	王爱国
8	河南省诸美种猪育种集团有限公司	
9	北京养猪育种中心	
10	广西柯新源原种猪有限责任公司	王立贤
11	河南省新大牧业有限公司	
12	湖北金林原种畜牧有限公司	
13	上海祥欣畜禽有限公司	潘玉春
14	江苏天兆实业有限公司	
15	桂林美冠原种猪育种有限责任公司	
16	四川省乐山牧源种畜科技有限公司	李学伟
17	四川省天兆畜牧科技有限公司	
18	广西桂宁种猪有限公司	
19	天津市宁河原种猪场	王楚端
20	北京顺鑫农业股份有限公司小店畜禽良种场	
21	厦门国寿种猪开发有限公司	
22	深圳市农牧实业有限公司	李加琪
23	福清永诚畜牧有限公司	
24	汕头市德兴种养实业有限公司	
25	四川铁骑力士牧业科技有限公司	王金勇
26	重庆南方金山谷农牧有限公司	
27	重庆市六九原种猪场有限公司	
28	浙江加华种猪有限公司	徐宁迎
29	常州市康乐农牧有限公司	
30	福清市丰泽农牧科技开发有限公司	

续附录 5

序号	国家生猪核心育种场	联系专家
31	广东广三保养猪有限公司	刘小红
32	广西农垦永新畜牧集团有限公司良圻原种猪场	
33	广东源丰农业有限公司	
34	湖北天种畜牧股份有限公司	雷明刚
35	海南罗牛山种猪育种有限公司	
36	湖北省畜牧局原种猪场	
37	湖南新五丰股份有限公司湘潭分公司	陈斌
38	湖南美神育种有限公司	
39	湖南正虹科技发展股份有限公司 正虹原种猪场	
40	山东省日照原种猪场	武英
41	潍坊江海原种猪场	
42	阜新原种猪场	王希彪
43	陕西省安康市秦阳晨原种猪有限公司	杨公社
44	陕西省原种猪场	
45	江西省原种猪场有限公司	黄路生
46	福建光华百斯特生态农牧发展有限公司	
47	江苏省永康农牧科技有限公司	黄瑞华
48	广东王将种猪有限公司	
49	安徽大自然种猪育种有限公司	殷宗俊
50	武汉市江夏区金龙畜禽有限责任公司	
51	菏泽宏兴原种猪繁育有限公司	曾勇庆
52	威海赛博迪种猪有限公司	
53	湖北三湖畜牧有限公司	梅书棋
54	湖南天心种业有限公司	
55	湖北省畜牧兽医局桑梓湖种猪场	吕学斌
56	牧原食品股份有限公司